U0185918

科技民生报告
中国科协学会服务中心 主编

长江珍稀
水生动物手绘图鉴

FIELD GUIDE TO THE RARE AQUATIC
ANIMALS OF
THE YANGTZE RIVER

中国水产学会 / 编著

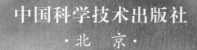

中国科学技术出版社
·北 京·

丛书策划

策　划：刘亚东　王　婷

执　行：任事平　李肖建　闫　爽
　　　　唐思勤　马睿乾　解　锋

本书编委会

顾　问：胡红浪

主　编：赵文武　邹国华

副主编：李利冬　邱亢铖　郁　娇

编　委：周晓华　周亚楠　赵　峰
　　　　谢　锋　龚世平　刘　勇
　　　　冯广朋　王金环　朱文斌
　　　　吴丽平　黄颖洁　吴　铠
　　　　殷　悦　张　苇　刘一琪
　　　　王北阳　蔺雅婷

绘　图：鲸骑士（上海）文化传播
　　　　有限公司

目录

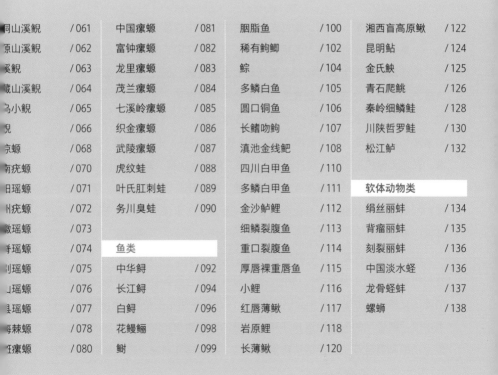

序

　　长江是我国第一大河，是世界上水生生物多样性最典型最丰富的生态河流之一，是很多重要野生鱼类的栖息场所，孕育了许多我国最珍稀的水生野生动物。但近年来，受生境变化和人类活动的多重影响，长江流域生态环境遭受巨大压力，水生生物资源急剧衰退，濒危物种快速增加，面临全面性生态失衡危机。为此，"开展长江大保护"被提升为国家战略。2021 年 1 月 1 日，长江 "十年禁渔" 全面启动，我国首部流域法律《长江保护法》于 2021 年 3 月 1 日起实施。长江大保护是 "为全局计、为子孙谋" 的重大决策，需要全社会共同努力。面向社会公众进行长江水生生物科普宣教，是实施长江十年禁渔、落实长江大保护战略的重要课题，也是让全社会共同参与长江大保护、共同守护长江生态环境的重要举措。

　　为面向社会科普长江中的水生动物，使大众更深入地认识长江、了解长江，并积极参与到长江大保护行动中，在中国科协学会服务中心的科技民生报告丛书项目支持下，中国水产学会组织编写了《长江珍稀水生动物手绘图鉴》一书。书中以 "图说" 的形式讲述长江和长江里的水生动物，用通俗有趣的语言、活泼生动的画面展示长江里的珍稀濒危动物，涵盖哺乳动物、爬行动物、两栖动物、鱼类以及软体动物等。"微笑天使"长江江豚、"水中的活化石"中华鲟等都包括在内，"图解式"介绍重要分类特征，便于读者学习辨识。从物种的分类地位、地域分布、保护级别、生境习性到保护现状，书中均做了专业且可视化的详解。原创的物种手绘图栩栩如生、呼之欲出，兼顾科学性和观赏性，是一本集知识性、趣味性于一体，可读性很强的科普读物。

　　保护，从了解开始；了解，从喜爱开始。希望这本书可以带着读者开启一次探秘长江珍稀濒危水生动物之旅，让更多的人关心、关爱长江和长江里的水生动物，一起做维护健康长江、建设美丽长江的践行者。

　　衷心祝贺本书的出版！

中国水产学会第十届理事会理事长

2022 年 10 月 10 日

长江和长江水生动物

◀中华鲟。国家一级保护野生动物,最早出现在1.5亿年前的中生代,是一种稀有的"活化石",也是长江中最大的鱼,有"长江鱼王"之称。

我们的长江

长度：6300 余千米
流域总面积：1783 万平方千米
水生动物：4300 多种

长江，发源于"世界屋脊"——青藏高原唐古拉山脉各拉丹冬峰西南侧，全长6300余千米，是亚洲第一长河、世界第三大河流。流域地跨热带、亚热带和暖温带，地貌类型复杂，生态系统类型多样，珍稀濒危植物占全国总数的39.7%，淡水鱼类占全国总数的33%，不仅有中华鲟、长江江豚、扬子鳄、大熊猫和金丝猴等珍稀动物，还有银杉、水杉、珙桐等珍稀植物，是我国珍稀濒危野生动植物集中分布区域。

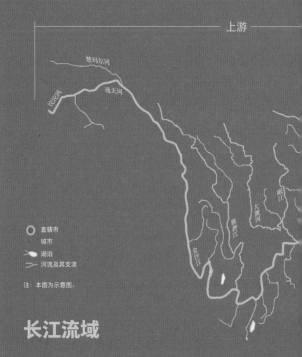

上游

○ 直辖市
· 城市
湖泊
河流及其支流

注：本图为示意图。

长江流域

长江流域面积178.3万平方千米，流域内湖泊星罗棋布，河网密集，有雅砻江、岷江、沱江、嘉陵江、乌江、

汉江、湘江等支流汇入照河道特征及流域地形江干流分为上游、中游游。宜昌以上为上游

长江流域内共有4300多种水生生物，其中鱼类400多种（含亚种），长江特有鱼类180多种。

4300
（不完全统计）

6

长江干流有三峡等6座梯级水电站，均在上游；全流域有水电站上百座。

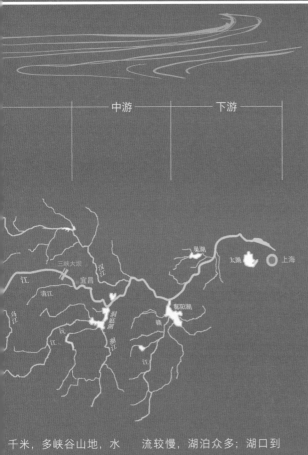

中国1平方千米以上的自然湖泊有77%分布在长江流域。中国的五大淡水湖中，除洪泽湖外，其他都位于长江流域。

鄱阳湖	洞庭湖	太湖	洪泽湖	巢湖
3914	2625	2338.1	2069	769.5

单位：平方千米

千米，多峡谷山地，水多；宜昌到江西省湖口中游，长927千米，河蜒曲折，水系发达，水

流较慢，湖泊众多；湖口到上海入海口为下游，长844千米，江宽水深。

流域面积1万平方千米以上的支有49条，按长度排名有八大支流。

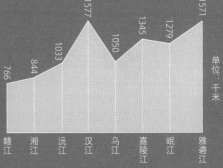

单位：千米

赣江	湘江	沅江	汉江	乌江	嘉陵江	岷江	雅砻江
766	844	1033	1577	1050	1345	1279	1571

长江各江段概况

长江源—金沙江—川江—中游—下游—河口

从青藏高原的长江源头到上海的入海口，长江整个流域位于东经 90° 33′~ 122° 25′、北纬 24° 30′~ 35° 45′，从西到东直线距离在 3000 千米以上，南北宽度除江源和长江三角洲地区外，一般均达 1000 千米左右，展现出丰富多彩的生物环境。

在青海曲麻莱出现大鲵，为最高海拔分布纪录

玉树巴塘

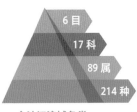

| 6 目 |
| 17 科 |
| 89 属 |
| 214 种 |

金沙江流域鱼类

金沙江段天然落差 **5100** 米，是我国最大的水电基地和"西电东送"主力。

四川宜宾

鱼类物种数从 97 种减少到 61 种

鱼类特有种种数从 38 种减少到 22 种

鱼类受威胁种种数从 16 种减少到 5 种

天然渔业捕捞量从 40 多万吨减少到 8 万吨

鱼类早期资源量从 67 亿尾减少到 9 亿尾

长江下游是长江流水量最大的区域，段落差小，水流缓慢

江西湖口

上海

长江生命生报告 2020

④ 中游

囊括洞庭湖和鄱阳湖水系，长江中游及其附属湖泊构成的江 – 湖复合生态系统是我国独特的淡水生态系统，由于江湖生境的差异，许多鱼类在进化过程中形成了江、湖洄游的特性。长江上游及其支流的水电开发，加上长江中游的捕捞、航运、采砂、工农业发展等人类活动的干扰，中游受到的叠加影响较下游大。

位于青藏高原腹地，地形险峻、气候恶劣，人为干扰较少。

长江源

3 目
4 科
7 属
21 种

青海境内长江水系鱼类

长江源、金沙江、川江构成长江上游，有珍稀特有鱼类127种，隶属于4目9科55属，其中裂腹鱼属最多。

2022年，下游长江江豚增长为401头

名的三峡、葛洲坝水电站
位于长江上中游的分界点
比宜昌。

湖北宜昌

各江段生物特征

① 长江源
高寒生物的自然种质资源库，是我国生物多样性优先保护区之一。以裸腹叶须鱼、小头高原鱼等鱼类为优势种和广布种，多数种类为我国特有的高原珍稀鱼类。受全球气候变化和人类活动的双重影响，长江源区出现冰川消融、水土流失、草地退化和水环境不断恶化等问题，直接威胁长江源区乃至整个长江流域的生态安全。

② 金沙江
水电站密集，在带来巨大经济效益的同时，也对金沙江流域水生生物的生态环境产生影响。与长江全流域鱼类相比，金沙江流域鱼类中鲤形目占比更高。214种鱼类中包含国家一级保护鱼类3种，二级2种，《中国濒危动物红皮书》所列鱼类15种。

③ 川江
从宜宾到湖北宜昌的河段，因大部分流经四川盆地，人们通常把它叫作"川江"，这里也是长江上游的最后一段。由于水利工程的兴建，长江流域的环境不断发生变化，造成生境片段化、鱼类洄游通道阻隔、产卵场被破坏、栖息地丧失等，对长江珍稀及特有鱼类资源产生了显著的不利影响，长江上游出现鱼类生物多样性下降、渔业资源衰退、物种加速濒危等问题，虽然采取了保护措施，但长江上游鱼类仍面临一定的生存威胁。

长江流域水量最大的区域，江段落差小，水流缓慢，江面宽阔，资源利用、土地利用类型改变和污染排放的影响，导致长江下游流域自然生境受到严重破坏。

⑥ 长江口
受长江干流淡水径流与海洋咸水潮汐的交互影响，形成了一个复杂多变的江海交汇区；是洄游鱼类进行咸淡水过渡的生态适应区域，也是洄游鱼类从长江干流到近海洄游的重要通道。

长江:
中国第一大河

长江全长 6300 余千米，是中国水能最富集的河流；通航里程 2800 多千米，是中国的 "黄金水道"。同时也是我国珍稀濒危野生动植物集中分布区域。

生物的分类

地球上究竟有多少物种？至今仍没有确定数据。根据联合国环境署 2011 年 8 月发布的一份研究结果，地球上共生存着 870 万种（正负误差 130 万种）生物物种，包括 650 万种陆地生物和 220 万种海洋生物。面对如此庞大的生物群体，该如何进行分类？

最早的时候，根据生物体的异同点和形态特征进行命名和分类。在我国第一部词典——汉初的《尔雅》中，就已经将植物分为草本、木本两大类，将动物分为虫、鱼、鸟、兽四类，在大类目之下还进行细分，如兽类还收录有鹿、虎、马、牛、羊等，这种分类方法与现代动物分类阶元思想基本相符。

到了 18 世纪，近代分类学诞生，其奠基人瑞典生物学家林奈确立了生物分类的阶元系统，首次提出界、门、纲、目、属、种的物种分类法，至今仍被采用。此外，林奈还创造性地提出"双名制命名法"，即每一物种都由两个拉丁化名词组成一个学名，第一个代表属名，第二个代表种名。

最早提出生物进化学说的法国

狗　猫　马　兔　猴　鹿　骆驼　鼠　河马　鲸　猪　蝙蝠　袋鼠　鸭嘴兽　蝴蝶　硬骨鱼类　苍蝇　甲虫　蜜蜂　草蜢　蚜虫　蜻蜓　无翅昆　蜘蛛　章鱼　蚰蜒　螃蟹　蜗牛　蠕虫　蛤蜊　细菌

象

开花植物

1 亿年前

蛇

青蛙

乌龟

第一朵花

2.5 亿年前

鳍鱼类

蘑菇

球果植物

鱼

颌鱼

霉菌

蕨类植物

海星

苔藓

5 亿年前

绿藻

红藻

原生生物

38 亿年前

博物学家拉马克是进化论的倡导者和先驱，他将林奈的物种分类系统拨正为从低级到高级的进化系统，即蠕虫、昆虫、鱼类、两栖类、鸟类、哺乳类，并把动物区分为脊椎动物和无脊椎动物两类。

1859 年，达尔文的《物种起源》出版以后，系统分类学由此诞生。在系统分类学中，通常包括八个主要级别：域、界、门、纲、目、科、属、种。种（物种）是基本单元，近缘的种归合为属，近缘的属归合为科，科隶于目，目隶于纲，纲隶于门，门隶于界，最高类别为域。

随着研究的不断推进，分类层次也不断增加，单元上下可以附加次生单元，如总纲（超纲）、亚纲、次纲；总目（超目）、亚目、次目；总科（超科）、亚科等。还可增设新的单元，如股、群、族、组等，其中最常设的是族，介于亚科和属之间。

特征对比是生物分类的基该方法，通过"异"来区分种类，"同"来合并种类。系统分类学采用同源特征，不取非同源性状。随着新发现的物种越来越多，研究手段越来越先进，生物分类也变得越来越科学。

水生动物的分类

常见的水生动物根据体内有无脊椎骨分为无脊椎水生动物和脊椎水生动物两大类。

无脊椎水生动物

无脊椎动物是动物类群中比较原始低等的类群，最明显的特征是没有脊椎骨。

无脊椎动物的种类和数量都非常庞大，占动物总种类数的 95%。大多数无脊椎动物化石出现在古生代寒武纪，如三叶虫及腕足动物，但大多数已灭绝。到中生代末期，软体动物的古老类型逐渐绝灭，软体动物现代属、种大量出现，到新生代演化成无脊椎动物。

按照从低等到高等的进化顺序，水生动物中的无脊椎动物主要或常见的类群包括：

原生动物门：如草履虫、变形虫等单细胞动物。它们是最原始、最简单、最低等的生物，包括鞭毛纲、肉足纲、孢子纲、纤毛纲。分布广泛，适应性强，易传播，属于世界性动物，到处都可以发现它们。

多孔动物门：如各种海绵。是最简单的多细胞动物，营固着生活。已知约 1 万种，包括钙质海绵纲、六放海绵纲和寻常海绵纲，主要生活于海水中，寻常海绵纲针海绵属中的约 20 种动物生活在淡水中。

刺胞动物门：如水母、海葵、海蜇、珊瑚等。包括水螅虫纲、钵水母纲和珊瑚虫纲 3 纲，约有 9000 种，大多数生活在海水中，只有少数种类生活在淡水中，其中热带和亚热带海洋的浅水区最丰富。

扁形动物门：如涡虫、绦虫、血吸虫等，约 2 万种，大部分种类为寄生生活，一般分为涡虫纲、吸虫纲和绦虫纲 3 纲。广泛分布在海水和淡水的水域中，少数在陆地上潮湿土中生活。

线虫动物门：如蛔虫、线虫等，是动物界中庞大而复杂的一门，水生的种类一般都营底栖生活，是小型海洋底栖动物的主要组成成分，在海洋底栖生物生态系统中的物质和能量转换中起重要作用。淡水种类适应范围广，急流、温泉中都能见到。

环节动物门：如沙蚕、蚂蟥等，是高等无脊椎动物的开始。身体左右对称，分节，这是动物身体分化的重要标志和里程碑。包括多毛纲、寡毛纲和蛭纲，栖息于海洋、淡水或潮湿的土壤，是软底质生境中最占优势的潜居动物。

软体动物门：如鹦鹉螺、螺蛳、河蚌、鲍鱼、乌贼、章鱼等，是动物界中的第二大门，仅次于节肢动物门，种数不少于 13 万种。通常分为单板纲、无板纲、多板纲、腹足纲、掘足纲、双壳纲和头足纲 7 个纲。腹足类在陆地、淡水（湖与小溪）和海洋均有分布，双壳纲只生活在淡水和海洋中，其他类群则完全生活在海洋中。

节肢动物门：如各种虾蟹、中国鲎等，是动物界最大的一门，全世界约有 120 万现存种，占整个现有动物种数的 80%。较常见的虾和蟹同属于节肢动物门软甲纲十足目，绝大多数生活在海洋，少数栖息在淡水和陆地，它们是重要的养殖和捕捞对象。

棘皮动物门：如海胆、海星、海参等，从浅海到数千米的深海都有广泛分布，是重要的海洋大型底栖动物。现存种类 6000 多种，但化石种类多达 2 万多种，从早寒武纪出现到整个古生代都很繁盛，其中有 5 个纲已完全灭绝。现生棘皮动物一般分为海参纲、蛇尾纲、海星纲、海胆纲和海百合纲。

脊椎水生动物

脊椎动物由低等的无脊椎动物进化而来，是数量最多、结构最复杂、进化地位最高、器官最发达、生活环境最多样、与人类关系最密切的动物。它们一般体形左右对称，全身分为头、躯干、尾三个部分，有比较完善的感觉器官、运动器官和高度分化的神经系统。常见的水生动物按照脊椎动物进化先后的顺序，其主要或常见类群有鱼类、两栖动物、爬行动物和哺乳动物。

文昌鱼纲：文昌鱼不是真正的"鱼"，它是介于无脊椎动物和脊椎动物之间的过渡型动物，是最原始的脊索动物，是脊椎动物的祖先，在系统演化上占据关键节点位置。

圆口纲：是最原始的鱼类，它们的骨骼全为软骨，无成对偶肢和上下颌。现存种类不多，代表种如日本七鳃鳗、盲鳗。营寄生或半寄生生活，以大型鱼类及海龟类为寄主。

软骨鱼纲：鱼类是脊椎动物中最大的类群，占总数的 50% 左右，鱼类按骨骼性质分为软骨和硬骨两类。软骨鱼纲的内骨骼全为软骨，具上下颌，头侧有鳃裂 5~7 个。如常见的鲨、鳐等。

硬骨鱼纲：硬骨鱼是水域中高度发展的脊椎动物，广泛分布于海洋、河流和湖泊，类型复杂，种类繁多，位居脊椎动物之首。硬骨鱼占鱼类总数 90% 以上，大多数有鳔，少数有肺。根据栖息的环境，分为海水鱼和淡水鱼。

两栖纲：是脊椎动物由水生进入陆生的过渡类型，皮肤裸露，分泌腺众多，具有五趾型的变温四足动物，混合型血液循环。两栖纲的个体发育周期有一个变态过程，幼体生活在水里以鳃呼吸，完成变态发育后成为以肺呼吸能营陆地生活的成体。现生约有 4000 种。常见种类有青蛙、蟾蜍等。

爬行纲：是真正适应陆栖生活的变温脊椎动物，由石炭纪末期的古代两栖类进化而来。爬行动物体表覆有鳞片或角质板，采用爬行运动方式，用肺呼吸，体温不恒定。常见种类有海龟、鳄鱼等。

哺乳纲：是动物界中分布最广泛、多样化程度最高的脊椎动物，最突出的特征在于胎生、全身披毛，其幼崽由母体分泌的乳汁喂养长大，体温恒定。哺乳动物具有比较发达的大脑，能对多变的环境及时做出反应。常见种类有鲸、海豚、海狮、海象等。

长江主要水生保护动物分布表

物种名称	主要分布	源区	上游	中游	下游	长江口
食肉目 CARNIVORA						
鼬科 Mustelidae						
水獭 *Lutra lutra*	长江源区、长江中下游地区				★	★
小爪水獭 *Aonyx cinerea*	云南和西藏地区		★			
鲸目 CETACEA						
白鱀豚科 Lipotidae						
白鱀豚 *Lipotes vexillifer*	长江和钱塘江的下游，以及鄱阳湖和洞庭湖			★	★	★
鼠海豚科 Phocoenidae						
长江江豚 *Neophocaena asiaeorientalis*	长江中下游一带，以洞庭湖、鄱阳湖以及长江干流为主			★	★	
龟鳖目 TESTUDINES						
平胸龟科 Platysternidae						
平胸龟 *Platysternon megacephalum*	江苏、浙江、安徽、湖南、贵州及云南等地区		★	★	★	★
地龟科 Geoemydidae						
乌龟 *Mauremys reevesii*	江苏、浙江、安徽、江西、湖北、湖南、四川、贵州、陕西、甘肃等地区		★	★	★	★
黄喉拟水龟 *Mauremys mutica*	江苏、浙江、安徽、湖南、贵州等地区		★	★	★	★
闭壳龟属所有种 *Cuora* spp.						★
金头闭壳龟 *Cuora aurocapitata*	安徽、江苏等山区		★			
潘氏闭壳龟 *Cuora pani*	陕西汉中利县、四川广元县		★			
云南闭壳龟 *Cuora yunnanensis*	云南昆明，广西与云南交界处可能有分布		★			
黄缘闭壳龟 *Curoa flavomarginata*	安徽、江苏、上海、浙江、湖北、湖南等山区			★	★	★
眼斑水龟 *Sacalia bealei*	安徽、贵州、湖南、浙江、江西等地区		★	★	★	★

物种名称	主要分布	源区	上游	中游	下游	长江口
鳖科 Trionychidae						
鼋 *Pelochelys cantorii*	江苏、浙江、云南等地区	★			★	★
山瑞鳖 *Palea steindachneri*	贵州、云南等地区	★				
斑鳖 *Rafetus swinhoei*	曾广泛分布于长江下游、太湖地区、云南南部。目前，中国仅存1只老年雄性斑鳖在苏州动物园生活					
鳄目 CROCODYLIA						
鼍科 Alligatoridae						
扬子鳄 *Alligator sinensis*	安徽南部的宣城、芜湖以及浙江长兴局部地区				★	★
有尾目 CAUDATA						
小鲵科 Hynobiidae						
安吉小鲵 *Hynobius amjiensis*	浙江（安吉、临安）、安徽（绩溪、歙县）				★	
中国小鲵 *Hynobius chinensis*	湖北长阳			★		
挂榜山小鲵 *Hynobius guabangshanensis*	湖南祁阳挂榜山			★		
普雄原鲵 *Protohynobius puxiongensis*	四川凉山州越西县普雄地区		★			
巫山巴鲵 *Liua shihi*	四川东部、重庆、湖北西部、陕西南部、湖北东部，贵州也有发现		★			
秦巴巴鲵 *Liua tsinpaensis*	陕西南部、四川东北部		★			
贵州拟小鲵 *Pseudohynobius guizhouensis*	仅分布于贵州绥阳片区		★			
黄斑拟小鲵 *Pseudohynobius flavomaculatus*	四川（南川）、贵州（绥阳）、湖北（利川）、湖南（桑植）等		★			
金佛拟小鲵 *Pseudohynobius jinfo*	重庆南川区金佛山		★			
宽阔水拟小鲵 *Pseudohynobius kuankuoshuiensis*	贵州绥阳		★			
水城拟小鲵 *Pseudohynobius shuichengensis*	仅分布于贵州水城		★			
弱唇褶山溪鲵 *Batrachuperus cochranae*	四川（宝兴、小金）		★			
无斑山溪鲵 *Batrachuperus karlschmidti*	四川西部、西藏东北部、云南西北部	★	★			
龙洞山溪鲵 *Batrachuperus londongensis*	四川峨眉山		★			
山溪鲵 *Batrachuperus pinchonii*	陕西、四川、云南、贵州		★			

物种名称	主要分布	源区	上游	中游	下游	长江口
西藏山溪鲵 Batrachuperus tibetanus	四川、西藏、陕西、青海、甘肃等地区	★	★			
盐源山溪鲵 Batrachuperus yenyuanensis	四川（盐源、西昌、冕宁）地区		★			
义乌小鲵 Hynobius yiwuensis	浙江（镇海、义乌、温岭、江山、萧山、舟山）少数地区				★	
隐鳃鲵科 Cryptobranchidae						
大鲵 Andrias davidianus	长江流域四川、贵州、江西、安徽、湖北、湖南等省常见，陕西、青海也有分布	★	★	★		
蝾螈科 Salamandridae						
大凉螈 Liangshantriton taliangensis	四川（汉源、冕宁、石棉、美姑、昭觉、峨边、马边）		★			
贵州疣螈 Tylototriton kweichowensis	贵州（威宁、毕节、水城、安龙、纳雍、大方）、云南（彝良、永善）	★	★			
川南疣螈 Tylototriton pseudoverrucosus	四川宁南县		★			
安徽瑶螈 Yaotriton anhuiensis	安徽岳西、大别山区南部				★	
宽脊瑶螈 Yaotriton broadoridgus	湖北（五峰）、湖南（桑植）			★		
大别瑶螈 Yaotriton dabienicus	安徽（岳西）、湖北（黄梅）			★	★	
浏阳瑶螈 Yaotriton liuyangensis	湖南浏阳			★	★	
莽山瑶螈 Yaotriton lizhenchangi	湖南宜章莽山			★		
文县瑶螈 Yaotriton wenxiaensis	甘肃（文县）、四川（青川、旺苍、剑阁、平武）、重庆（云阳、万县、奉节）、贵州（大方、绥阳、遵义、雷山）等地		★			
镇海棘螈 Echinotriton chinhaiensis	浙江宁波				★	
尾斑瘰螈 Paramesotriton caudopunctatus	重庆、贵州、湖南		★	★	★	
中国瘰螈 Paramesotriton chinensis	重庆、湖南、安徽、浙江、江西等地		★	★	★	
富钟瘰螈 Paramesotriton fuzhongensis	湖南			★		
龙里瘰螈 Paramesotriton longliensis	贵州龙里		★			
茂兰瘰螈 Paramesotriton maolanensis	贵州荔波县		★			

物种名称	主要分布	源区	上游	中游	下游	长江口
七溪岭瑶螈 *Paramesotriton qixilingensis*	江西永新县		★			
武陵瑶螈 *Paramesotriton wulingensis*	重庆（酉阳）、贵州（江口、梵净山）		★			
织金瑶螈 *Paramesotriton zhijinensis*	贵州织金双堰塘		★			
叉舌蛙科 Dicroglossidae						
虎纹蛙 *Hoplobatrachus chinensis*	陕西、四川、云南、贵州、江西、湖南、湖北、安徽、江苏、上海、浙江等地区		★	★	★	
叶氏肛刺蛙 *Yerana* yei	安徽（霍山、潜山、金寨、岳西）			★		
蛙科 Ranidae						
务川臭蛙 *Odorrana wuchuanensis*	目前仅发现分布于贵州省务川县、沿江县以及湖北省建始县		★	★		
鲟形目 ACIPENSERIFORMES						
鲟科 Acipenseridae						
中华鲟 *Acipenser sinensis*	长江干流金沙江以下至入海河口、赣江、湘江偶有出现		★	★	★	★
长江鲟 *Acipenser dabryanus*	金沙江下游和长江中上游干流及其各大支流中		★	★		
匙吻鲟科 Polyodontidae						
白鲟 *Psephurus gladius*	长江干流及部分支流和河口，包括沱江、岷江、嘉陵江、洞庭湖、鄱阳湖、钱塘江、浦江等		★	★	★	
鳗鲡目 ANGUILLIFORMES						
鳗鲡科 Anguillidae						
花鳗鲡 *Anguilla marmorata*	长江下游及其以南的钱塘江、灵江、瓯江、九龙江				★	★
鲱形目 CLUPEIFORMES						
鲱科 Clupeidae						
鲥 *Tenualosa reevesii*	长江口、湘江及宜昌以下的长江干流等水域		★	★		★
鲤形目 CYPRINIFORMES						
亚口鱼科 Catostomidae						

物种名称	主要分布	源区	上游	中游	下游	长江口
胭脂鱼 Myxocyprinus asiaticus	长江上、中、下游皆有，以上游数量为多			★		★
鲤科 Cyprinidae						
稀有鮈鲫 Gobiocypris rarus	长江上游的大渡河支流和四川成都附近的小河流中		★			
鯮 Luciobrama macrocephalus	长江上游及其支流水系，也少见于湖泊		★			
多鳞白鱼 Anabarilius polylepis	云南滇池		★			
圆口铜鱼 Coreius guichenoti	长江上游、金沙江下游和雅砻江下游		★			
长鳍吻鮈 Rhinogobio ventralis	长江中上游金沙江干支流水域		★			
滇池金线鲃 Sinocyclocheilus grahami	云南滇池		★			
四川白甲鱼 Onychostoma angustistomata	长江上游干支流，以金沙江、嘉陵江、岷江、大渡河和雅砻江中下游等水系为主要栖息地		★			
多鳞白甲鱼 Onychostoma macrolepis	嘉陵江支流汉江、嘉陵江等的中上游		★			
金沙鲈鲤 Percocypris pingi	长江上游金沙江干支流流域		★			
细鳞裂腹鱼 Schizothorax chongi	金沙江中下游		★			
重口裂腹鱼 Schizothorax davidi	长江干支流中，尤以嘉陵江、岷江、沱江水系的峡谷河流中多见		★			
厚唇裸重唇鱼 Gymnodiptychus pachycheilus	长江流域的岷江、嘉陵江、汉水等水系		★			
小鲤 Cyprinus micristius	云南滇池		★			
岩原鲤 Procypris rabaudi	长江中上游支流，主要分布在云南金沙江永仁江段，四川乐山、贵州修文六六广河等有零星分布		★			
鳅科 Cobitidae						
红唇薄鳅 Leptobotia rubrilabris	长江上游及其支流		★			
长薄鳅 Leptobotia elongata	长江中上游			★		
条鳅科 Nemacheilidae						
湘西盲高原鳅 Triplophysa xiangxiensis	湖南龙山县			★		

物种名称	主要分布	源区	上游	中游	下游	长江口
鲇科 Siluridae						
昆明鲇 *Silurus mento*	仅分布于云南滇池		★			
钝头鮠科 Amblycipitidae						
金氏鮠 *Liobagrus kingi*	仅分布于长江上游		★			
鮡科 Sisoridae						
青石爬鮡 *Euchiloglanis davidi*	四川境内江河中，如青衣江、岷江、金沙江等		★			
鲑形目 SALMONIFORMES						
鲑科 Salmonidae						
细鳞鲑属所有种 *Brachymystax spp.*		★				
秦岭细鳞鲑 *Brachymystax tsinlingensis*	渭河上游及其支流和汉水北侧支流滑水河、子午河上游的溪流中		★			
川陕哲罗鲑 *Hucho bleekeri*	岷江、青衣江、汉江上游，大渡河中上游和太白河、秦岭山脉的南部	★				
鲉形目 SCORPAENIFORMES						
杜父鱼科 Cottidae						
松江鲈 *Trachidermus fasciatus*	长江下游及河口				★	★
蚌目 UNIONIDA						
蚌科 Unionidae						
绢丝丽蚌 *Lamprotula fibrosa*	长江中下游的湖南、湖北、江西、安徽、浙江、江苏等地区			★	★	
背瘤丽蚌 *Lamprotula leai*	长江中下游流域的大型、中型湖泊及河流内			★	★	
刻裂丽蚌 *Lamprotula scripta*	江苏、安徽、江西、湖南等地			★	★	
截蛏科 Solecurtidae						
龙骨蛏蚌 *Solenaia carinatus*	我国鄱阳湖及长江中游沿岸			★	★	
中国淡水蛏 *Novaculina chinensis*	长江中下游流域			★	★	
中腹足目 MESOGASTROPODA						
田螺科 Viviparidae						
螺蛳 *Margarya melanioides*	云南省的高原湖泊		★			

消失的长江水生动物

由于水利工程、
重大改变，生存空间
易危、濒危和极危物

从 2017 年起，已连续五年未
监测到中华鲟自然繁殖活动

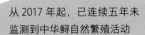

2022 年长江江豚监测数量为
1249 头，相比 2006 年 1800
头有很大差距

鲥鱼暂时功能性灭绝

长江鲟野外灭绝

"四大家鱼"鱼卵鱼苗早期资
源量比 20 世纪 80 年代下降了 **90**%

道整治、水污染和过度捕捞等人类活动不断增加，长江流域珍稀、特有鱼类的原有生境发生了
地面积缩小，种群数量和幼鱼补充群体数量减少，资源不断衰退。在我国江河水系中，长江的
高。

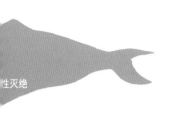

性灭绝

功能性灭绝： 通常指生物种群数量在自然条件下已减少到无法维持繁衍的状态。

野外灭绝： 已知的个体仅存活于人工饲养或者圈养的环境。

30% 的长江鱼类正濒临灭绝；历史上有分布但已难以采集到的鱼类高达 134 种，占长江鱼类总数的近 1/3。多年来，长江鱼类生物完整性指数总体呈下降趋势。

IUCN 濒危物种红色名录
IUCN RED LIST

共抓大保护
不搞大开发

长江是中国淡水渔业的摇篮、鱼类基因的宝库。长期以来，受水工闸坝阻隔、围湖造田、水域污染以及过度捕捞等因素影响，长江水域生态环境不断恶化，长江生物多样性持续下降，已经到了"无鱼"等级。

历史上，长江天然捕捞量曾占全国淡水渔业产量的 60%，最高年产量达到 42.7 万吨（1954 年），如今不到 10 万吨，仅占全国淡水水产品的 0.15%，对中国人"餐桌"的贡献几乎可以忽略不计。

长江湖北段是青、草、鲢、鳙"四大家鱼"鱼苗的主产区，近几十年来，鱼苗数量呈断崖式下降。在我国淡水产品中，超过九成是靠淡水养殖，而淡水养殖鱼类中一半以上是人们常吃的"四大家鱼"。长江鱼是四大家鱼不可或缺的基因库，如果不保护好鱼类基因库，将来我们就真的会面临无鱼可吃的局面。

同样面临"无鱼可吃"的，还有长江里的珍稀水生生物。科研人员推测长江江豚自然种群加速衰退与过度捕捞以及环境恶化造成的渔业资源严重衰退有关。除了长江江豚，长江的其他珍稀特有物种资源也在全面衰退。

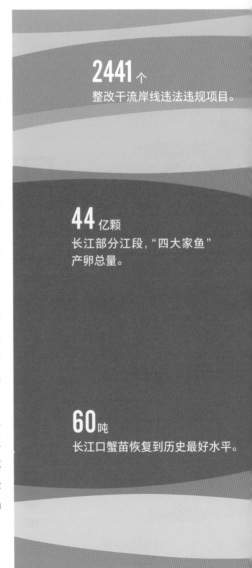

1 "十年禁渔"

2021 年 1 月 1 日—2030 年 12 月 31 日

"禁渔"是恢复长江生态系统完整性和流域系统性的关键。长江里最常见的"四大家鱼"等通常需要生长 4 年才能繁殖，连续禁渔 10 年，将有 2 ~ 3 个世代的繁衍，种群数量才能显著增加。

2441 个
整改干流岸线违法违规项目。

44 亿颗
长江部分江段，"四大家鱼"产卵总量。

60 吨
长江口蟹苗恢复到历史最好水平。

2 增殖放流

从 20 世纪 80 年代中期开始，针对葛洲坝阻隔，开始实施中华鲟人工放流活动。2005 年起，开展长江珍稀特有鱼类和"四大家鱼"等重要经济鱼类的人工放流。

3 长江保护法

《中华人民共和国长江保护法》是我国第一部流域保护法，自 2021 年 3 月 1 日起实施。

1361 座
清理整改非法码头。

90000 多千米
修复减水河段。

97.1%
2021 年，长江流域国控断面 Ⅰ～Ⅲ 类优良水质比例 97.1%，较 2016 年提高 14.8%，干流国控断面水质连续两年全线达到 Ⅱ 类。

185 尾
2020 年，误捕长江鲟 185 尾，2019 年仅 4 尾。

71 种
2021 年，长江江苏段共检出鱼类 71 种，比 2018 年提高了 54%，还检测出了 2018 年未检测出的鲀形目鱼类。

《长江流域水生生物资源及生境状况公报（2020年）》显示，2015年以来，监测到的长江上游特有鱼类种类和数量相对稳定，中游渔获物日均单船渔获量呈现上升趋势。在典型支流赤水河，久未露面的长江鲟频频出现，从侧面反映了在2016年率先实施全面禁渔的赤水河流域，生态系统开始逐步恢复，珍稀鱼类出现频次明显增加。目前赤水河依然保持着自然水文节律，对长江上游珍稀鱼类繁衍的意义重大。赤水河流域珍稀鱼类资源的逐步恢复，是禁渔与生态修复所带来的直观效果，赤水河中频频出现的长江鲟就是生态恢复最好的佐证。此外，通过密集的资源调查发现，从"神秘物种"鳤鱼多次现身到刀鱼密度增加，再到湖北宜昌江段出现绵延数百米的鱼群，说明目前长江流域不仅部分鱼类数量增加，种类家底也正在逐渐变厚。

2021年5月，长江大坝增加泄洪量，制造人工洪峰，为长江青鱼、草鱼、鲢鱼、鳙鱼"四大家鱼"提供产卵的必要涨水条件。科学监测显示，仅在长江部分江段，"四大家鱼"的产卵总量已经达到了44亿颗，创造了新的纪录。

随着长江大保护的整体推进，2016年以来，长江流域Ⅰ～Ⅲ类水质占比呈现上升趋势，干流河道采砂量呈现下降趋势，鱼类重要栖息生境水质基本能满足鱼类生长繁殖要求，水生生物栖息地在不同程度恢复。部分珍贵濒危水生野生动物的野外资源数量，有了一定程度的恢复回升。如河蟹资源曾经接近枯竭，2003年的捕捞量只有0.5吨，农业农村部在长江口连续多年开展繁育亲体放流和产卵场生态修复后，如今长江口蟹苗已经恢复到了60吨左右的历史最好水平。

目前，长江"十年禁渔"效果还不稳固，长江岸线利用结构和布局欠合理，部分生态敏感岸段遭占用和干扰，工业、城镇、农业等水污染防治仍有不少薄弱环节，生态流量保障等仍需加强。2021年11月，《中共中央 国务院关于深入打好污染防治攻坚战的意见》印发实施，明确要求持续打好长江保护修复攻坚战，为新时期长江保护修复工作指明了方向。

"共抓大保护、不搞大开发""生态优先、绿色发展"，新时代、新长江，为了保护好长江母亲河，修复长江生态环境正摆在压倒性位置，长江水生生物多样性正在恢复，人与自然和谐共生的大美长江正在描绘壮美画卷。

哺乳动物

爬行类

两栖类

鱼类

软体动物类

长江流域珍稀水生动物图谱

水獭 | Common Otter

水獭是淡水生态系统的健康指示种和旗舰种，主要生活于河流和湖泊一带，可以在淡水河流、红树林沼泽和近海生存。多为穴居型，白天隐匿在洞中休息，夜间出来活动。水性娴熟，善于游泳和潜水，爱玩耍，不善于在陆地上行走。以鱼类、蛙类、虾蟹类和软体动物为食，有时还吃一部分植物性食物。寿命为 15 ~ 20 年。

水獭的繁殖

3 岁时性成熟。水獭没有明显的繁殖季节，一年四季都能交配，但主要在春季和夏季。一般在冬季产仔，哺乳期约 50 天。

每胎产 1 ~ 5 仔

基本资料

别名 ▶ 獭猫、鱼猫、水狗、水猴、欧亚水獭
拉丁学名 ▶ *Lutra lutra*
英文名 ▶ Common Otter
物种分类 ▶ 哺乳纲—食肉目—鼬科—水獭属
中国保护等级 ▶ 国家二级
IUCN 红色名录 ▶ 近危（NT）

头部宽而稍扁，吻短，有门齿三对

眼睛稍突而圆

下颌中央有数根短的硬须

耳朵小，鼻孔和耳道生有小圆瓣，潜水时能关闭

水獭曾在中国广泛分布，20 世纪 50—70 年代，水獭因为其昂贵的皮毛和被当作"渔业害兽"而遭到大量捕杀，几乎濒临灭绝。2021 年，科研人员在巴塘河和扎曲河同时发现了水獭活动迹。在玉树结古镇，发现一个健康的水獭活在这里，数量超过 20 只。为了能让更多

四川长沙贡玛

青海三江源

西藏雅鲁藏布江

水獭保护区

物种现状

　　因栖息地环境劣变（主要存在于欧洲西部和中部）和无度狩猎（主要存在亚洲），水獭种群总体数量呈下降趋势。中国自然保护区内的水獭潜在栖息地约为 21 万平方千米，青海三江源、西藏雅鲁藏布江及四川长沙贡玛三个国家级自然保护区可能保有中国目前最大的水獭栖息地。

● 人字嵴明显

● 水獭体毛较长而致密，通体背部均为咖啡色，有油亮光泽

长江流域分布

西北局部地区、中南部地区

● 身体细长呈流线型，躯体呈扁圆形

● 腹面毛色较淡，呈灰褐色。绒毛基部灰白色，绒面咖啡色。

● 四肢短，趾（指）间具蹼

56 ～ 80 厘米　　30 ～ 40 厘米

獭，关注水獭，共同加入保护水獭的行动中
每年五月的最后一个星期三被定为世界水獭
World Otter Day）。

小爪水獭 │ Asian Small-clawed Otter

　　世界上最小的水獭种，数量稀少，属于水域水质指示动物，能否在水域中找到它们，是评价水质优劣的最佳方法之一。在上海动物园，有一只因头大而走红的小爪水獭，名为"大头"，"大头"在 2014 年来到上海动物园，因它的头比其他小爪水獭大出不少而得名，其天庭饱满、智商超群，深受游客喜爱。

基本资料

别名 ▶ 亚洲小爪水獭、油獭、东方小爪水獭
拉丁学名 ▶ *Aonyx cinerea*
英文名 ▶ Asian Small-clawed Otter
物种分类 ▶ 哺乳纲—食肉目—鼬科—小爪水獭属
中国保护等级 ▶ 国家二级
IUCN 红色名录 ▶ 易危（VU）

鼻部粉红色或略黑，上缘凸起呈尖状

头较短而阔

牙齿粗大，有 34 枚牙齿

下颌正前方和两侧有稀疏的刚毛

喉部颜色较浅，为白色至灰色

四肢短小，足垫大而且厚，每肢有五趾，趾间蹼膜不完全；爪短粗呈钉子状，有退化现象

生境习性

　　生活在两岸林木茂密的山地河谷中，为穴居动物，通常会在河岸上挖穴筑巢。昼夜活动，在白天会不断地保养自己的皮毛，保持皮毛干燥；在水中时，游泳的速度很快，潜水可达 6 ~ 8 分钟。小爪水獭是社会化的动物，常群体活动，要通过声音和臭味来进行交流，用味道来标记领地。以无脊椎动物和甲壳类、软体动物、植物为食，也吃昆虫和小型鱼类，偶尔也会捕食……

物种现状

有数据显示，在全球范围内，小爪水獭过去 30 年减少了至少 30%，且这一趋势近几年加剧。除了生境破坏、非法捕杀等因素外，走私也是水獭数量急剧下降的原因。由于小爪水獭模样可爱，在一些国家走红宠物市场，成为"网红动物"，因而遭动物交易者觊觎。在中国，近年来加强了对小爪水獭的保护，以及对非法捕杀的打击，取得一定成效。

长江流域分布

云南和西藏的部分地区

云南部分地区

西藏部分地区

● 背部体毛呈深咖啡色

● 体长仅半米左右，全身呈暗棕色

● 尾巴的基部宽厚，接近尾端时逐渐变尖，尾端被毛短而稀，几乎裸露

—● 腹部颜色较为浅淡

门们敏感的前爪可以感知到地下的昆虫，大
以粉碎蟹等甲壳类动物的壳。寿命可长达

白鱀豚 | Baiji

　　白鱀豚是世界上现有 5 种淡水豚（拉河豚、亚河豚、恒河豚、印河豚、白鱀豚）中存活头数最少的一种，也是全世界 12 种最濒危动物之一。成年白鱀豚体长 1.4 ~ 2.5 米，体重 135 ~ 230 千克。在最繁盛时期，种群数量达数千头之多。受上游建坝等人类活动的影响，分布区域逐渐缩减，种群数量不断减少。2007 年 8 月 8 日，白鱀豚被正式宣告功能性灭绝。

1990 年
在洞庭湖和鄱阳湖绝迹

1992 年
湖北长江天鹅洲白鱀豚国家级自然保护区、长江新螺段白鱀豚国家级自然保护区成立

1997—1999 年
三次大规模考察中，南京下游临近江阴以下未发现

2000—2004 年
分布主要限于长江洪湖段、九江段和铜陵段三个区域

2004 年 8 月
在南京江段搁浅的一具白鱀豚尸体，这是最后一次发现白鱀豚的确切记录

2007 年 8 月 8 日
被正式宣告功能性灭绝

长江流域分布

长江和钱塘江的下游，以及鄱阳湖和洞庭湖

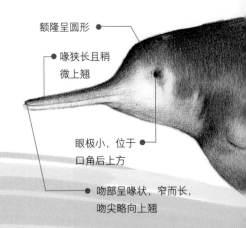

额隆呈圆形

喙狭长且稍微上翘

眼极小，位于口角后上方

吻部呈喙状，窄而长，吻尖略向上翘

生境习性

　　主要栖息于长江及其支流、湖泊的入口处和江心沙洲附近的长江干流中，多在有沙洲分布的江段出现。喜在水深流急处活动，善潜水，通常成对或 10 余头在一起活动。以淡水鱼类为食，吃少量的水生植物和昆虫。白鱀豚的视觉和听觉均退化严重，在水中主要以发射声呐接收信息。

基本资料

别名 ▶ 鱀、鱁 zhú（古称）、白鳍豚、白暨豚、中
华江豚、白旗豚

拉丁学名 ▶ *Lipotes vexillifer*

英文名 ▶ Baiji, Yangtze River Dolphin

物种分类 ▶ 哺乳纲—鲸目—白鱀豚科—白鱀豚属

中国保护等级 ▶ 国家一级

IUCN 红色名录 ▶ 极危（CR）

淇淇

1980 年 1 月 11 日，白鱀豚"淇淇"被捕获成为世界第一头人工饲养的白鱀豚。2002 年 7 月 14 日 8 时 25 分，世界唯一人工饲养的白鱀豚"淇淇"在中国科学院水生生物研究所辞世。此时"淇淇"体长 2.07 米，体重 98.5 千克，约 25 岁，在淡水鲸类动物中已属老龄。"淇淇"在人工饲养下存活了 22 年 185 天，是世界上存活时间最长的 4 头淡水鲸类之一。"淇淇"的死亡，宣告了白鱀豚人工繁殖梦想的破灭。

鳍三角形，鳍肢较
，末端圆钝；低三
形的背鳍位于从吻
向后约 2/3 体长处，
其最显著的野外识
特征

躯干部分为纺锤状；背灰色或蓝灰色

身体大致呈流线型，雄性体型略小于雌性

背鳍、鳍肢背面、尾叶均为灰色或青灰色

呼吸时喷出的水花不高，尾鳍并不出水。
全身皮肤裸露无毛，光滑而富有弹性

白色

体和联系同伴。

命为 20～30 年。雄性 4 岁达到性成熟，雌
达到性成熟。胎生，每两年繁殖一次，每

胎一仔，偶有双胞胎，自然繁殖率很低，野生状态下雌性受孕率一般仅为 30%。

长江江豚 | Yangtze Finless Porpoise

长江江豚曾与东亚江豚共同被认为是窄脊江豚的两个亚种。2018 年被认定为独立物种，标志着中国又增添了一个特有物种。长江江豚是长江生态健康的指示物种，是长江流域水生态系统的"风向标"。长江江豚性成熟一般需要 5 年，孕期 11.5 个月，一般每胎只产 1 仔。成年体长一般在 1.2 米左右，最长的可达 1.9 米，重约 50 千克。

基本资料

别名▶ 扬子江江豚、江猪、黑鼠海豚、窄脊江豚、江豚

拉丁学名▶ *Neophocaena asiaeorientalis*

英文名▶ Yangtze Finless Porpoise

物种分类▶ 哺乳纲—鲸目—鼠海豚科—江豚属

中国保护等级▶ 国家一级

IUCN 红色名录▶ 极危（CR）

《长江江豚拯救行动计划（2016—2025）》

就地保护	湖北鄂州至安徽安庆江段长江江豚分布相对密集，推进新建江豚自然保护区
迁地保护	在现有长江江豚迁地保护区的基础上，新建 3～5 处迁地保护区
人工繁育	建立人工繁育群体、开展人工繁育技术研究

● 鼻开口于头部背上

● 头部较短，近似圆形；额部稍微向前凸出

眼睛较小，视觉不发达

生境习性

喜欢单独活动，有时也三五成群，最多的有过 87 头在一起的记录。性情活泼，常在水中上游下蹿，喜欢吐水。如果即将发生大风天气，长江江豚的呼吸频率就会加快，露出水面很高，大多朝向起风的方向"顶风"出水，在长江从业的渔民们把它的这种行为称为"拜风"。

物种现状

我国高度重视长江江豚保护。自 20 世纪 80 年代起，逐步探索了就地保护、迁地保护、人工繁育三大保护策略。其中，迁地保护是当前保护长江江豚最直接、最有效的措施。至今，我国已建立 5 个迁地保护地，迁地群体总量超过 150 头。

成立于 1992 年 10 月的湖北长江天鹅洲白鱀豚国家级自然保护区，是我国首个长江豚类迁地保护区。2018 年 9 月，国务院办公厅印发《关于加强长江水生生物保护工作的意见》，提出"实施以中华鲟、长江鲟、长江江豚为代表的珍稀濒危水生生物抢救性保护行动"。

长江"十年禁渔"让长江江豚种群由衰退期进入平稳期，近年来目击率逐渐提高，长江南京段、芜湖段乃至汉江潜江段都曾发现过成群的长江江豚。

长江流域分布

长江中下游一带，以洞庭湖、鄱阳湖以及长江干流为主

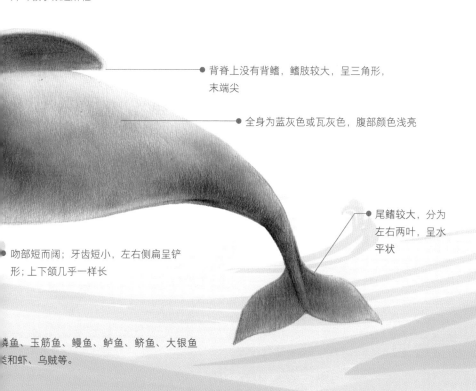

● 外耳极小似芝麻粒

● 背脊上没有背鳍，鳍肢较大，呈三角形，末端尖

● 全身为蓝灰色或瓦灰色，腹部颜色浅亮

● 尾鳍较大，分为左右两叶，呈水平状

● 吻部短而阔；牙齿短小，左右侧扁呈铲形；上下颌几乎一样长

鳞鱼、玉筋鱼、鳗鱼、鲈鱼、鲚鱼、大银鱼
鱼和虾、乌贼等。

平胸龟 | Big-headed Turtle

平胸龟性情凶猛，主动进攻，爬行速度快，游泳本领强。由于环境质量下降，栖息地遭破坏以及遭到乱捕滥杀，野生自然资源量日渐减少，2012 年原农业部在江西赣州寻乌县建立了东江源平胸龟国家级水产种质资源保护区。目前已有初步成功的驯养繁殖技术。

基本资料

别名 ▶ 鹰嘴龟、大头平胸龟、鹰龟等

拉丁学名 ▶ *Platysternon megacephalum*

英文名 ▶ Big-headed Turtle

物种分类 ▶ 爬行纲—龟鳖目—平胸龟科—平胸龟

中国保护等级 ▶ 国家二级（仅限野外种群）

IUCN 红色名录 ▶ 濒危（EN）

头大，不能缩入壳内

头背覆以完整的盾片

体扁平，背甲长卵圆形，缘中部微凹，后缘圆，微微具中央嵴棱腹甲，近长方形前缘平截，后缘中央凹入

上、下颚钩曲呈鹰嘴状

尾长几乎与甲相等，具状排列的大形大鳞

背腹甲之间有下缘盾

前肢 5 爪，指、趾间具蹼

头、背甲、四肢及尾背均为棕红色、棕橄榄色或橄榄色。

四肢强，被有覆瓦状排列的鳞片，后肢 4 爪

生境习性

主要生活在水流湍急、铺满巨砾碎石的山涧中，一般多在夜间活动，可攀附石壁或爬树，借尾部的支撑可攀登比自身长度大的墙壁、树枝。典型的食肉性动物，尤喜食活饵；在野外，主要捕食蚯蚓、小鱼、螺类、虾类、蛙类等，也吃死鱼虾及动物内脏。每年 11 月左右，水温降至 15℃以下时，即进入冬眠，直至次年水温升到 15℃左右时才能苏醒。

长江流域分布

江苏、浙江、安徽、江西、湖南贵州及云南等地区

黄喉拟水龟 | Yellow Pond Turtle

黄喉拟水龟包括指名亚种和八重山亚种两个亚种。指名亚种在我国分布广泛，除头部颜色略有差异外，不同地区的黄喉拟水龟外部形态没有明显差别，但在民间和养殖界有南方种群和北方种群之说。南方种群分布于广东、广西和海南，简称南石龟；北方种群又分为"大青头"和"小青头"，"大青头"主要分布于福建和台湾，"小青头"主要分布于浙江、安徽一带。"小青头"因颜色靓丽，发色前后变化大，更受喜爱。

基本资料

别名 ▶ 石龟、石金钱龟、黄板龟
拉丁学名 ▶ *Mauremys mutica*
英文名 ▶ Yellow Pond Turtle
物种分类 ▶ 爬行纲—龟鳖目—地龟科—拟水龟属
中国保护等级 ▶ 国家二级（仅限野外种群）
IUCN 红色名录 ▶ 极危（CR）

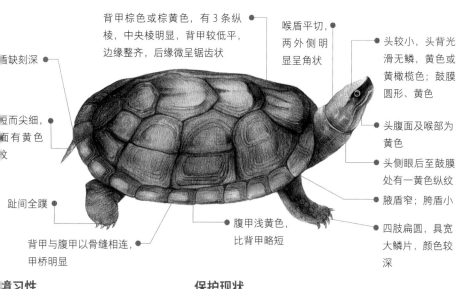

背甲棕色或棕黄色，有 3 条纵棱，中央棱明显，背甲较低平，边缘整齐，后缘微呈锯齿状

喉盾平切，两外侧明显呈角状

头较小，头背光滑无鳞，黄色或黄橄榄色；鼓膜圆形、黄色

盾缺刻深

短而尖细，面有黄色纹

头腹面及喉部为黄色

头侧眼后至鼓膜处有一黄色纵纹

腋盾窄；胯盾小

趾间全蹼

四肢扁圆，具宽大鳞片，颜色较深

背甲与腹甲以骨缝相连，甲桥明显

腹甲浅黄色，比背甲略短

境习性

栖息于丘陵地带、半山区的山间盆和河流谷地的水域中，有时也常到灌草丛、稻田中活动。白天多在水中戏觅食，晴天喜在陆地上晒太阳。每约 4 月底至 10 月初活动量大，15℃左右注入冬眠。杂食性动物，取食范围广，畜肉及内脏、植物类的瓜果蔬菜均可用，喜在水中觅食。若食物过大，则以两前爪将食物撕碎后再吞食。

保护现状

黄喉拟水龟因较高的食用、药用和观赏价值而遭过度捕杀，野生资源已十分罕见。人工养殖受到重视，目前已形成规模化养殖，在广西、广东和海南等地养殖量较大。

长江流域分布

江苏、浙江、安徽、江西、湖北、湖南、云南、贵州等地

乌龟 | Chinese Pond Turtle

　　自古以来，龟就被视作祥瑞之物，与龙、凤、麒麟并称"四灵"。早在新石器时代，古人已将龟视为护身之宝。古人认为，龟很长寿，历经沧桑，所以能鉴往察来，为世间灵物。在商代，龟甲为占卜之物。唐宋时期，"龟文化"渗透人心，武则天将官员佩袋和兵符改为龟形。历代关于龟的作品也很多，魏武帝曹操的《龟虽寿》，即是中国古文学借龟言志的典范之作。唐诗宋词中也不乏赞美龟类长寿的句子，寄予美好希望。

基本资料

别名 ▶ 石龟、泥龟、金线龟、草龟

拉丁学名 ▶ *Mauremys reevesii*

英文名 ▶ Chinese Pond Turtle

物种分类 ▶ 爬行纲—龟鳖目—地龟科—拟水龟属

中国保护等级 ▶ 国家二级（仅限野外种群）

IUCN 红色名录 ▶ 濒危（EN）

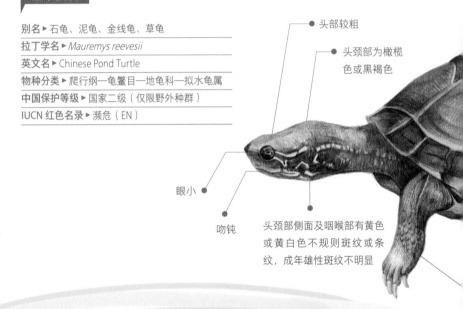

头部较粗

头颈部为橄榄色或黑褐色

眼小

吻钝

头颈部侧面及咽喉部有黄色或黄白色不规则斑纹或条纹，成年雄性斑纹不明显

生境习性

　　乌龟属半水栖龟类，主要栖息于沼泽、池塘、溪流、湿地等环境。乌龟是冷血动物，以肺呼吸，不能在水中长时间停留。一般在10月底，当气温下降到10℃以下时，开始冬眠。至翌年4月中旬，当气温回升到15℃以上时，开始出穴活动，摄食和活动开始正常。在5月～9月底是乌龟生长的最佳阶段。当温度高于□时，乌龟藏于阴凉处进入夏眠。乌龟取食

保护现状

　　由于气候变化、栖息地丧失、过度捕杀、外来生物入侵等因素，乌龟的野生种群数量呈逐年递减态势。目前乌龟的人工养殖技术已非常成熟，乌龟暂时不会有绝种的危险。但人工养殖个体随意放生会容易造成基因污染，野生乌龟的保护面临困境。

长江流域
分布

江苏、浙江、安徽、江西、湖北、湖南、
四川、贵州、陕西、甘肃等地，
以长江中下游各省产量较高

背甲呈长椭圆形，中部
隆起，脊棱和侧棱明显，
雌性棕褐色，雄性黑色

尾部短而细小

指、趾间具蹼

雌性腹甲棕黄色，每一盾
片有黑褐色大斑块，部分
个体腹甲呈现整体黑色

支灰褐色或
色，无条纹

头、尾、颈、四肢
都能自由缩入甲壳内

力年时偏爱肉食，鱼类、蛙类及各种水生无
动物皆可成为其食物，成年后兼食各种水生

金头闭壳龟 | Golden-headed Box Turtle

基本资料

别名 ►	金龟、夹板龟、黄板龟
拉丁学名 ►	*Cuora aurocapitata*
英文名 ►	Golden-headed Box Turtle, Yellow-headed Box Turtle
物种分类 ►	爬行纲—龟鳖目—地龟科—闭壳龟属
中国保护等级 ►	国家二级（仅限野外种群）
IUCN 红色名录 ►	极危（CR）

生境习性

　　生活于丘陵地带的山沟或水质较清的山区池塘内，也常见于离水不远的潮草丛中。多昼伏夜出，白天隐藏于石缝石板下，夜间外出觅食。喜食鱼虾、蜾各种昆虫，特别是蜻蜓幼虫。每年 7月产卵，年产卵 1～2 次，每次产 1～4

- 颈盾短小
- 椎盾 5 块
- 肋盾 4 对
- 背甲长卵圆形，隆起较高黑褐色或棕红色，周边黄中央脊棱明显，无侧棱
- 头较长，头顶光滑无鳞，呈金黄色，头两侧黄色
- 臀盾 1 对腋盾和胯
- 吻较突，上颌呈钩曲状
- 颈背及两侧、四肢外侧及尾背黑橄榄色
- 四肢扁圆形，前肢有大鳞片
- 头、颈、尾的腹面及四肢内侧灰黄色
- 腹甲黄色，盾片上有基本对称排列的黑斑或黑条纹
- 指、趾间具蹼
- 缘盾 11 对

保护现状

　　20 世纪 90 年代中期以后，多地成功繁殖子一代，但子一代的稚幼龟多去向不明，中国国内尚无子二代报道。人工繁殖普遍存在性成熟龟种少、受精率低下等技术障碍。目前对金头闭壳龟仍然没有专门的保护与管理机构。

　　从安徽铜山上新世的闭壳龟化石形态描述，金头闭壳龟与其比较极为接近，产地也相近，表明该龟为该区域内极古老的生物之一。

头尾及四肢能全部缩入龟甲内

长江流域分布

中国特有种，仅分布于安徽省泾县等少数地区

潘氏闭壳龟 | Pan's Box Turtle

潘氏闭壳龟是中国闭壳龟属中分布最北的种，于1981年在陕西省平利县徐家坝海拔420米的稻田旁水沟中被首次发现。为纪念陕西动物研究所前所长潘忠国教授，1984年宋鸣涛将其命名为潘氏闭壳龟。2000年，在四川广元先后发现3只。2009年前后在河南信阳发现6只，是我国发现野生潘氏闭壳龟数量最多的地区。目前已实现人工繁殖。

基本资料

别名 ▶	潘氏箱龟、潘氏龟、断板龟
拉丁学名 ▶	*Cuora pani*
英文名 ▶	Pan's Box Turtle
物种分类 ▶	爬行纲—龟鳖目—地龟科—闭壳龟属
中国保护等级 ▶	国家二级（仅限野外种群）
IUCN 红色名录 ▶	极危（CR）

头较长，呈橄榄色或淡黄色

背甲扁平，淡褐色，中线上脊棱明显，颈盾细小

眼后有两条黄褐色条纹

上喙钩形，喙短于上喙

尾短，圆锥状

前肢5爪，背面被以覆瓦状排列的鳞片

后肢4爪，内侧及掌部被鳞

指、趾之间蹼发达

背甲与腹甲间、胸盾与腹盾间借韧带相连

四肢背面橄榄色或黄绿色

腹面被以横列大鳞片

腹甲淡黄色，沿着盾沟有大块连续而规则的呈"羊"字形黑斑

长江流域分布

陕西平利县、四川广元市

生境习性

水栖龟类，生活在丘陵区的山溪和水流平缓、水质清澈的河边。肉食性龟类，以昆虫、小鱼、小虾等为食。最适宜生长温度为22～30℃，15℃左右出现停食或少食，10℃以下进入冬眠状态。11月至翌年4月上旬为冬眠期，中国南方地区的冬眠较短，一般为12月至翌年2月。

云南闭壳龟 | Yunnan Box Turtle

由于栖息地的消失，云南闭壳龟自然数量极稀少。在 2000 年前后，国际上曾宣布该物种为灭绝物种。目前是全球最濒危的 25 种龟类之一。

基本资料

别名 ▶ 云南龟
拉丁学名 ▶ *Cuora yunnanensis*
英文名 ▶ Yunnan Box Turtle
物种分类 ▶ 爬行纲—龟鳖目—地龟科—闭壳龟属
中国保护等级 ▶ 国家二级（仅限野外种群）
IUCN 红色名录 ▶ 极危（CR）

长江流域分布

云南昆明、广西与云南交界处可能有分布

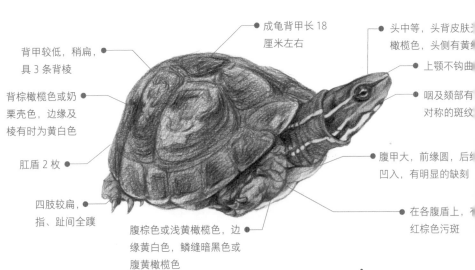

背甲较低，稍扁，具 3 条背棱

背棕橄榄色或奶栗壳色，边缘及棱有时为黄白色

肛盾 2 枚

四肢较扁，指、趾间全蹼

腹棕色或浅黄橄榄色，边缘黄白色，鳞缝暗黑色或腹黄橄榄色

成龟背甲长 18 厘米左右

头中等，头背皮肤为橄榄色，头侧有黄绿色

上颚不钩曲

咽及颏部有对称的斑纹

腹甲大，前缘圆，后缘凹入，有明显的缺刻

在各腹盾上，有红棕色污斑

生境习性

栖息地为海拔 2000～2260 米的高原山地，生活在溪流、湖泊或沼泽湿地中，平时喜在杂草丛中的乱石堆里隐居。杂食性，以小鱼、虾、蚯蚓、水果、蔬菜等为食。可以闭合的龟壳既可进行自我保护，又是御敌的有力武器。在遇到敌害时，它立即将头、尾、四肢缩入甲壳内，腹甲与背甲相合，关闭甲壳，形成一个盒状结构。

2000 年前后
国际上曾宣布该物种为灭绝物种

2004 年
发现一雌一雄两只活体

2009 年
发现三雌一雄成体，首次发现云南闭壳龟野生种群，被正式标记为"重新发现"，IUCN 将其列为极危

2010 年
在昆明动物研究所成功繁殖出子一代

2011 年
被世界龟类保护联盟列为全球最濒危的 25 种龟类之一

黄缘闭壳龟 | Yellow-margined Box Turtle

"摄龟腹小，中心横折，能自开合，好食蛇也。"（《本草纲目》）黄缘闭壳龟是一种活泼好斗的龟类，在古代被称为"摄龟"。它是与恐龙同时代的古老动物，素有"活化石"之称，具有重要的经济和科学研究价值。

基本资料

别名 ▸ 夹板龟、克蛇龟、断板龟、黄缘盒龟
拉丁学名 ▸ *Cuora flavomarginata*
英文名 ▸ Yellow-margined Box Turtle
物种分类 ▸ 爬行纲—龟鳖目—地龟科—闭壳龟属
中国保护等级 ▸ 国家二级（仅限野外种群）
IUCN 红色名录 ▸ 濒危（EN）

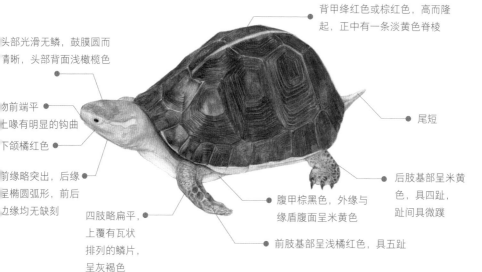

背甲绛红色或棕红色，高而隆起，正中有一条淡黄色脊棱

头部光滑无鳞，鼓膜圆而清晰，头部背面浅橄榄色

尾短

吻前端平，上喙有明显的钩曲

下颌橘红色

前缘略突出，后缘呈椭圆弧形，前后边缘均无缺刻

四肢略扁平，上覆有瓦状排列的鳞片，呈灰褐色

腹甲棕黑色，外缘与缘盾腹面呈米黄色

后肢基部呈米黄色，具四趾，趾间具微蹼

前肢基部呈浅橘红色，具五趾

境习性

栖息于丘陵山区的林缘、杂草、木之中，喜群居，以夜间、清晨傍晚活动为主，白天多隐匿于安阴暗潮湿的树根下及石头缝中，可见多只龟在同一洞穴中，活动阴暗，但离清洁水源不远。以昆蠕虫、软体动物为食。气温下至 18℃时停食，降至 13℃以下时入冬眠。

物种现状

黄缘闭壳龟野生资源濒危的主要原因是其性成熟周期长、种群繁殖力低、栖息地遭受干扰破坏等。目前只在河南大别山区、安徽皖南山区、安徽皖西山区等地还有少量野生个体生存。

长江流域分布

安徽、江苏、上海、浙江、湖北、湖南等山区

鼋 │ Asian Giant Softshell Turtle

　　大型鳖科动物，成体鼋背盘长可达 100 厘米以上，体重可达 60 千克以上。鼋是一种古老的爬行动物，是从龟类进化而来的鳖类代表之一，其在生物地理格局形成过程、古地理、生物进化等方面具有重要的科学价值，保护鼋对保护生物多样性、维护水生生态系统稳定、实现人与自然和谐发展具有重要的现实意义。

基本资料

别名▸团鱼、癞头鼋

拉丁学名▸*Pelochelys cantorii*

英文名▸Asian Giant Softshell Turtle

物种分类▸爬行纲—龟鳖目—鳖科—鼋属

中国保护等级▸国家一级

IUCN 红色名录▸濒危（EN）

背部平滑，呈褐黄色或褐黑色，边缘为结缔组织形成的厚实裙边

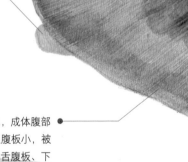

尾短，雌性的尾巴不露出裙边

腹面黄白色，四肢棕色，成体腹部有 4 块发达的胼胝。上腹板小，被内腹板分隔开，腹面的舌腹板、下腹板和剑腹板发达

前肢外缘为白色；趾间蹼较大，为白色

生境习性

　　主要栖息于内陆、流动缓慢的淡水河流和溪流中。不常迁移，喜欢栖息在水底。代谢低，耐饥能力强，温度过高、过低时休眠。白天隐于水中，常浮出水面呼吸，夜间在浅滩处觅食居，寿命长。盛夏喜上岸乘凉；寒冬伏于泥眠。不仅能用肺呼吸，还能用皮肤呼吸，

保护现状

为保护当地野生鼋资源，广东省先后设立了肇庆市广宁县鼋自然保护区、东源县仙塘－义合鼋自然保护区，梅州市大埔县鼋资源地方级自然保护区等，由于栖息地被破坏，广宁和大埔两地的保护区先后被撤销。浙江省设立了温州市青田县省级鼋自然保护区。这些保护区对鼋物种及其栖息地的保护起到了一定作用。

2014 年，鼋人工繁育技术方面获得突破。截至 2018 年年底，在珠江水产研究所和广东佛山高明 2 个救护基地，成功人工繁育子一代幼鼋 600 余只。2019 年农业农村部发布《鼋拯救行动计划（2019—2035 年）》，为保护和拯救鼋，维护鼋种群延续制定了具体的保护行动措施。2021 年调研结果表明，在全国 6 个人工圈养基地有人工养护成体鼋 15 只。在民间，还可能存有少量人工圈养鼋。

长江流域分布

江苏、浙江、云南（河口、澜沧、普洱）等地

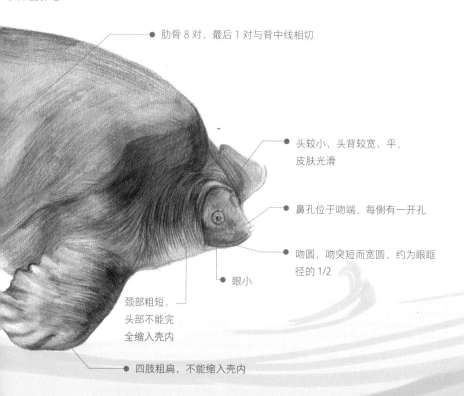

肋骨 8 对，最后 1 对与背中线相切

头较小，头背较宽、平，皮肤光滑

鼻孔位于吻端，每侧有一开孔

吻圆，吻突短而宽圆，约为眼眶径的 1/2

眼小

颈部粗短，头部不能完全缩入壳内

四肢粗扁，不能缩入壳内

喉吸取氧气，在水中能长时间生活。肉食行捕食者，主要以甲壳类、软体动物和鱼类冬眠期长，从每年 11 月至翌年 4 月。野生

鼋性成熟要 10 年以上，每年 5—9 月为繁殖期，卵生，分数次产卵。

山瑞鳖 | Wattle-necked Softshell Turtle

山瑞鳖外形中等呈圆形，成龟背甲长可达43厘米，体重可达20千克，具有重要的科研价值、生态价值和经济价值。但由于过度捕捉、栖息环境退化等致危因素，山瑞鳖野生种群逐年减少，只是偶有误捕发现。

基本资料

别名 ▶ 山瑞、瑞鱼
拉丁学名 ▶ *Palea steindachneri*
英文名 ▶ Wattle-necked Softshell Turtle
物种分类 ▶ 爬行纲—龟鳖目—鳖科—山瑞鳖属
中国保护等级 ▶ 国家二级（仅限野外种群）
IUCN 红色名录 ▶ 濒危（EN）

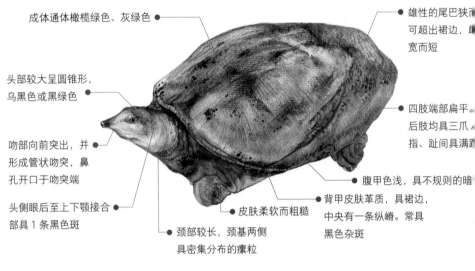

成体通体橄榄绿色、灰绿色

雄性的尾巴狭而可超出裙边，雌宽而短

头部较大呈圆锥形，乌黑色或黑绿色

四肢端部扁平。后肢均具三爪，指、趾间具满蹼

吻部向前突出，并形成管状吻突，鼻孔开口于吻突端

腹甲色浅，具不规则的暗

头侧眼后至上下颚接合部具1条黑色斑

背甲皮肤革质，具裙边，中央有一条纵嵴。常具黑色杂斑

皮肤柔软而粗糙

颈部较长，颈基两侧具密集分布的瘰粒

生境习性

喜栖于安静、清洁、避风、具沙质泥土地带的江河、小溪中，属变温动物，具有冬眠习性，生长温度22～31℃，最适水温26～29℃，水温低于15℃便进入冬眠。以鱼、虾等水生生物及植物碎屑为食。繁殖期为每年的4—10月，多选择在夜间上岸并在湿润疏松的沙滩或泥土中挖穴产卵。每次产卵3～18枚，在温度为22～32℃时孵化期为69～85天。

保护现状

为保护野生山瑞鳖资源，广东省已建立了韶关市乳源山瑞鳖县级自然保护区、河源市源城区龙潭口山瑞鳖自然保护区、连平县九潭山瑞鳖自然保护区以及连平县油溪山瑞鳖自然保护区。近年来，山瑞鳖养殖发展迅速，在海南、广东、广西、福建、浙江等省区均有养殖场分布，人工繁殖技术较成熟，已能繁殖出子二代。其苗种来源逐渐由捕捉野生个体转变为人工繁殖。

长江流域分布

贵州、云南等地

眼斑水龟 | Eye-spotted Turtle

眼斑水龟生性胆小，遇惊扰将头、尾、四肢缩入壳内或无目的地四处乱窜。由于其栖息繁殖环境被破坏、减少，且因有较高的经济价值而屡遭捕捉，野生资源遭到严重破坏，同时因自然增殖困难，处于濒危状态。

基本资料

别名 ▸ 眼斑龟
拉丁学名 ▸ *Sacalia bealei*
英文名 ▸ Eye-spotted Turtle, Beale's Eyed Turtle
物种分类 ▸ 爬行纲—龟鳖目—地龟科—眼斑水龟属
中国保护等级 ▸ 国家二级（仅限野外种群）
IUCN 红色名录 ▸ 濒危（EN）

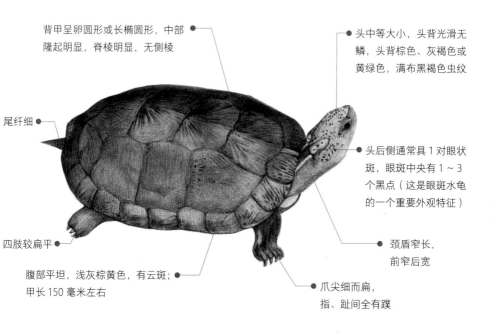

背甲呈卵圆形或长椭圆形，中部隆起明显，脊棱明显，无侧棱

头中等大小，头背光滑无鳞，头背棕色、灰褐色或黄绿色，满布黑褐色虫纹

尾纤细

头后侧通常具 1 对眼状斑，眼斑中央有 1～3 个黑点（这是眼斑水龟的一个重要外观特征）

四肢较扁平

腹部平坦，浅灰棕黄色，有云斑；甲长 150 毫米左右

颈盾窄长，前窄后宽

爪尖细而扁，指、趾间全有蹼

生境习性

属水栖性龟类，主要栖息于海拔 400 米以下丘陵地区中水流缓慢清澈、水底多为砂石的溪流中。通常在山溪边或沟渠边的洞穴中冬眠。杂食性，主食小鱼虾、螺蚌、蜗牛及蠕虫等。5—8 月为产卵期，每年产卵分 3～4 批，每批产 3～6 枚。

长江流域分布

安徽、贵州、湖南、江西等地

斑鳖 | Swinhoe's Softshell Turtle

斑鳖是鳖类中的"巨无霸",也是现存最大的鳖科动物,其成体背甲长逾1米,重达100千克以上。斑鳖是龟类中最濒危的物种之一,曾广泛分布于我国长江下游、太湖地区、云南南部以及越南北部的红河流域。随着人类的不断扩张,斑鳖家族逐渐没落。从20世纪起,在我国,仅分布在长江下游和钱塘江区域。到了20世纪中叶,仅存于放生池中,野外不再有记录。截至目前,全世界幸存的斑鳖仅有4只,其中,中国有1只老年雄性斑鳖在苏州动物园生活,越南有3只在野外生存。在苏州动物园的老年雄性斑鳖已经100多岁,从1954年建园开始生活至今。

在中国,斑鳖历经了11年的人工繁育,但未能留下任何后代。从某种意义上来说,中国长江下游-太湖流域的斑鳖种群已被宣告生物学绝灭。

基本资料

别名 ▶ 癞头鼋、斯氏鳖

拉丁学名 ▶ *Rafetus swinhoei*

英文名 ▶ Swinhoe's Softshell Turtle

物种分类 ▶ 爬行纲—龟鳖目—鳖科—斑鳖属

中国保护等级 ▶ 国家一级

IUCN 红色名录 ▶ 极危（CR）

躯体扁平,略隆起,背面平滑光泽

腹部有两片胼胝,和其他鳖类有明显的区别

腹部灰黄色

斑鳖最特别的地方在于其身上密集细碎的黄色斑纹,其中以头部花纹最为鲜艳夺目。在骨质背甲部分,黄色斑纹形成横竖交织的线纹或放射状纹。

生境习性

斑鳖是底栖动物，主要栖息在缓慢或静止水域底部的泥浆和碎屑中，能在水下保持较长的时间，每隔 2～3 分钟才抬头一次进行呼吸换气。斑鳖是杂食性动物，主要以水生动物为食。

斑鳖在地球上已经繁衍生息了 2.7 亿年，但由于分类错误和体态与鼋、鳖非常相似，一直被错认为鼋或中华鳖而得不到保护。直到 20 世纪 90 年代，苏州科技学院生物系教授赵肯堂先生证明斑鳖是一个独特的物种，也因此成为为斑鳖正名的第一人。到 2002 年，斑鳖被确认为有效物种。2006 年 9 月，在斑鳖保护合作及交流研讨会上，得以正名为"斑鳖（*Refetus swinboeni*）"。

长江流域分布

曾广泛分布于长江下游、太湖地区、云南南部

头和颈部为黑绿色或暗橄榄绿色

鼻子短，鼻孔在吻突前端

吻突短于眶径

四肢具发达的蹼

鼋、山瑞鳖、斑鳖主要特征对比			
	鼋	山瑞鳖	斑鳖
体型大小	大，背盘长达 90 厘米	中等，背盘可达 40 厘米	大，背盘长达 110 厘米
体色	背部呈褐黄色或褐黑色，腹面黄白色，四肢棕色	成体通体橄榄绿色、灰绿色	头和颈部为黑绿色或暗橄榄绿色，腹部灰黄色
鼻子	短细	长	短厚
脖子	粗短	较长	长，可达 20 厘米
尾巴	短	雄性尾巴狭长，雌性尾巴宽短	雄性尾巴粗长，雌性尾巴粗短
色斑	无斑或少斑	具黑色杂斑	密集的黄色斑纹

扬子鳄 | Chinese Alligator

　　扬子鳄因生活在长江下游地区，该河段古时被称为扬子江，故称"扬子鳄"，是中生代时期残留下来的古老的爬行动物。扬子鳄成体体长 1～2 米，体重约为 36 千克，是世界上最小的鳄鱼品种之一。据研究，鳄类的骨骼与恐龙类的骨骼有着很大的相似性，体表都被有排列整齐的鳞甲，说明鳄类与恐龙类具有一定的亲缘关系。因此，研究扬子鳄对研究恐龙类的起源与演化及中生代爬行动物时代的情况具有一定的指导作用。

基本资料

别名 ▶ 中华鼍、中华鳄、土龙、猪婆龙

拉丁学名 ▶ *Alligator sinensis*

英文名 ▶ Chinese Alligator

物种分类 ▶ 爬行纲—鳄目—鼍科—短吻鳄属

中国保护等级 ▶ 国家一级

IUCN 红色名录 ▶ 极危（CR）

头部扁平，相对较大，鳞片上具有颗粒状和带状纹路

眼睛呈土色

吻突出

前肢 5 指

四肢粗短

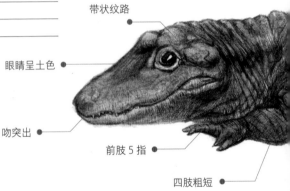

生境习性

　　喜栖于湖泊、沼泽的滩地或丘陵山涧长满乱草蓬蒿的潮湿地带。爬行和游泳敏捷，具有高超的挖洞打穴本领，头、尾和锐利的趾爪都是它的挖洞打穴工具。

　　扬子鳄喜静，白天隐居在洞穴中，夜间外出觅食。其食量很大，主要以鱼、龟鳖及哺乳动物为食。具有发达的嗅觉、视觉觉，还有特殊的肺小腔结构及味蕾构造。繁在 6—7 月，每巢产卵 10～30 枚，孵化期60 天。

物种现状

　　扬子鳄是中国特有的一种鳄鱼，历史上，扬子鳄曾分布于黄河、淮河、长江沿岸的广大地区。由于生态环境的破坏，处于极度濒危状态。我国先后成立安徽扬子鳄国家级自然保护区、浙江长兴扬子鳄省级自然保护区、中国扬子鳄自然繁育中心，对扬子鳄实施保护。目前野外扬子鳄种群数量超千条，呈稳步增长态势，分布范围持续扩大。

长江流域分布

安徽宣城、芜湖以及浙江
长兴局部地区

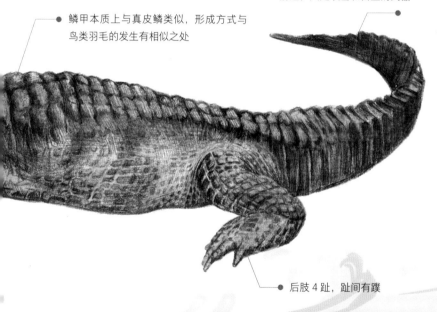

尾长而侧扁，粗壮有力，在水里能推动身体前进，又是攻击和自卫的武器

鳞甲本质上与真皮鳞类似，形成方式与鸟类羽毛的发生有相似之处

后肢 4 趾，趾间有蹼

1983 年 5 月 24 日，为了宣传保护珍稀动物的意义，
我国发行一套《扬子鳄》特种邮票，全套 2 枚

安吉小鲵 | Anji Hynobiid

浙江（安吉、临安）
安徽（绩溪）

小鲵科生物是一个距今 3 亿年的古老物种，与恐龙处于同一发展时代，对于研究动物的进化和人类的起源以及古动物的生态环境等都极具价值。安吉小鲵是我国特有的两栖动物，被称为两栖界的"大熊猫"。全世界约 70% 的安吉小鲵栖息在浙江千亩田，2015年野外调查种群数量仅在 600 条左右。

基本资料

别名 ▶ 小娃娃鱼
拉丁学名 ▶ *Hynobius amjiensis*
英文名 ▶ Anji Hynobiid, Zhejiang Salamander
物种分类 ▶ 两栖纲—有尾目—小鲵科—小鲵属
中国保护等级 ▶ 国家一级
IUCN 红色名录 ▶ 极危（CR）

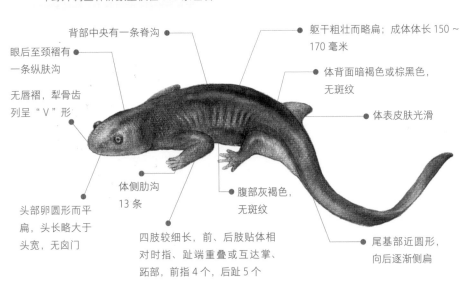

背部中央有一条脊沟

眼后至颈褶有
一条纵肤沟

无唇褶，犁骨齿
列呈"V"形

躯干粗壮而略扁；成体体长 150 ～
170 毫米

体背面暗褐色或棕黑色，
无斑纹

体表皮肤光滑

头部卵圆形而平
扁，头长略大于
头宽，无囟门

体侧肋沟
13 条

腹部灰褐色，
无斑纹

四肢较细长，前、后肢贴体相
对时指、趾端重叠或互达掌、
跖部，前指 4 个，后趾 5 个

尾基部近圆形，
向后逐渐侧扁

生境习性

安吉小鲵对栖息地生境的要求非常严格，通常生活于沼泽地中的泥炭藓下腐殖质层中，产卵季节进入水坑，水深50 ～ 100 厘米。主要以多种昆虫及蚯蚓等小动物为食。繁殖期为 12 月到翌年 3 月。产卵多，成活率小，同伴的捕食风险比天敌捕食风险更大。5 龄性成熟。安吉小鲵的分布区域过于狭窄，种群数量极少，很容易受到外界的干扰，造成种群不稳定。

保护现状

我国已建立了浙江安吉小鲵国家级自然保护区、浙江临安清凉峰自然保护区和安徽绩溪清凉峰自然保护区，在探索维持和扩大安吉小鲵种群数量的同时，逐渐摸索室内人工繁育方法，提高幼体的生存概率，维持种群数量的稳定。

从 2010 年以来，保护区坚持把人工保育的亚成体安吉小鲵放归自然。如今，已经有 1000 余条返回田野长大成年。根据连年的野外监测，安吉小鲵的存活率从 20 多年前的不足 5% 提高到现在的 70%。

中国小鲵 | Chinese Hynobiid

中国小鲵是一个距今 3 亿多年的古老物种，与恐龙处于同一发展时代。1889 年，最早在湖北宜昌发现，定名为"中国小鲵"。成体体长一般为 100 ~ 300 毫米，体重为 50 ~ 250 克。由于生存时代久远，中国小鲵被誉为研究古生物进化史的"金钥匙"。

基本资料

拉丁学名 ▶ *Hynobius chinensis*
英文名 ▶ Chinese Hynobiid
物种分类 ▶ 两栖纲—有尾目—小鲵科—小鲵属
中国保护等级 ▶ 国家一级
IUCN 红色名录 ▶ 濒危（EN）

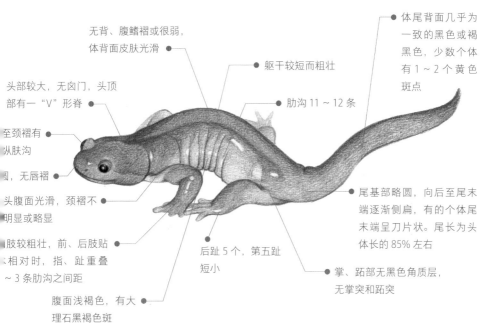

无背、腹鳍褶或很弱，体背面皮肤光滑

头部较大，无囟门，头顶部有一"V"形脊

至颈褶有纵肤沟

圆，无唇褶

头腹面光滑，颈褶不明显或略显

肢较粗壮，前、后肢贴相对时，指、趾重叠 ~ 3 条肋沟之间距

腹面浅褐色，有大理石黑褐色斑

躯干较短而粗壮

肋沟 11 ~ 12 条

后趾 5 个，第五趾短小

体尾背面几乎为一致的黑色或褐黑色，少数个体有 1 ~ 2 个黄色斑点

尾基部略圆，向后至尾末端逐渐侧扁，有的个体尾末端呈刀片状。尾长为头体长的 85% 左右

掌、跖部无黑色角质层，无掌突和跖突

生境习性

成鲵多营陆栖生活，多栖于海拔 1400 ~ 1500 米的山间水塘附近植被繁茂的地方。靠肺和湿润的皮肤交换空气呼吸，以苔藓或节肢动物幼虫为食。11—12 月为繁殖季节。

保护现状

目前已建有湖北长阳将军坳中国小鲵自然保护区，对中国小鲵进行监测、观察和保护。

长江流域分布

湖北长阳

挂榜山小鲵 | Guabangshan Hynobiid

长江流域分布

2002 年 11 月，在湖南省祁阳县挂榜山小鲵首次被发现。2004 年，由沈猷慧教授鉴定为新物种。成体体长 80 ～ 155 毫米，体重 80 ～ 150 克。挂榜山小鲵属活化石类稀有物种，系国际级保护古珍稀动物、国家濒危两栖动物，对于研究动物的进化和人类的起源以及古动物的生态环境等都极具价值。

基本资料

湖南祁阳挂榜

拉丁学名 ▸ *Hynobius guabangshanensis*
英文名 ▸ Guabangshan Hynobiid
物种分类 ▸ 两栖纲—有尾目—小鲵科—小鲵属
中国保护等级 ▸ 国家一级
IUCN 红色名录 ▸ 极危（CR）

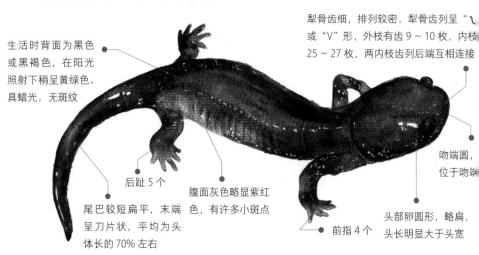

犁骨齿细，排列较密，犁骨齿列呈"乀"或"V"形，外枝有齿 9 ～ 10 枚，内枝 25 ～ 27 枚，两内枝齿列后端互相连接

生活时背面为黑色或黑褐色，在阳光照射下稍呈黄绿色、具蜡光，无斑纹

后趾 5 个

尾巴较短扁平，末端呈刀片状，平均为头体长的 70% 左右

腹面灰色略显紫红色，有许多小斑点

前指 4 个

吻端圆，位于吻端

头部卵圆形，略扁，头长明显大于头宽

生境习性

主要栖息于海拔 720 米左右的山间小水塘、沼泽区及其附近。营陆栖生活，多栖息在落叶层下和土洞内。体色可与周围环境协调，从而不容易被敌害发现。行动比较敏捷，猎食较为凶猛，用前肢寻找、捕食昆虫、蚯蚓以及小型的节肢动物等。生性胆小喜独居，在人类活动频繁的地方很难见到其活动踪迹。属于变温动物，怕热喜温。繁殖季节在 11 月中下旬，雄雌鲵进入繁殖水域配对产卵。

保护现状

2004 年，湖南省在永州市祁阳县建立湖南祁阳小鲵自然保护区，总面积 6060 公顷，主要以挂榜山小鲵为特殊保护对象。2016 年调查结果表明在挂榜山林场小鲵数量在 10000 尾以上。目前挂榜山小鲵的人工培育难题已被攻克。

普雄原鲵 | Puxiong Salamander

普雄原鲵栖息于海拔 2770～3000 米的高山地，目前仅见于我国大凉山极狭窄区域，是该高寒地区唯一的五趾小鲵科动物。它的形态特征与其他小鲵科物种基本符合，其特有性状是左右鼻骨之间有一片鼻间骨，但其他两栖动物无一具有鼻间骨的个体。因此，学者普遍认为普雄原鲵是已知小鲵科动物中最为原始的类群。

基本资料

拉丁学名 ▶ *Protohynobius puxiongensis*
英文名 ▶ Puxiong Salamander
物种分类 ▶ 两栖纲—有尾目—小鲵科—原鲵属
中国保护等级 ▶ 国家一级
IUCN 红色名录 ▶ 极危（CR）

长江流域
分布

四川凉山州越西县
普雄地区

背脊平，无沟亦无背棱

背、腹面皮肤
光滑

，短于头体长

体腹面中线有
一浅细纵肤沟

躯干圆柱
形，略扁

犁骨齿列呈两短弧形，犁
骨齿很短，呈"〜〜"状

颈褶明显

四肢发达，前指
4 个，后趾 5 个

有肋沟 13 条

成体全长 133 毫米

左右鼻骨之间
有一片鼻间骨
（特有性状）

吻前端略突出
下唇，无唇褶

头扁平，头长大于头

生境习性

繁殖期在 4 月中旬到 5 月下旬。普雄原鲵是避光性动物，成体和亚成体主要隐匿在水潭周边石缝、石洞和树根洞中，以及沼泽地周边湿润地方。当翻开石块时，它们会迅速隐蔽或钻入暗处，尾部和躯干多扭曲。幼体多藏匿在浸水沟或小水潭中的枯枝、落叶和石块下，多在水中觅食和活动。

保护现状

普雄原鲵是依据 1965 年获得的单号标本描述订立的新种。自首次发现后的 40 多年间，均未再次发现。直到 2007—2014 年相继发现普雄原鲵个体（包括成体、幼体和卵袋）和 3 处栖息地。经过多次调查，截至 2015 年，发现的普雄原鲵成体只有 20 尾。现存栖息地邻近居民居住地和放牧区，极易受人为活动干扰，生存状况堪忧。

巫山巴鲵 | Wushan Salamander

生活于海拔 900 ~ 2350 米的山区，成体多栖于小山溪中，主要以毛翅目等水生昆虫及其幼虫和虾类、藻类为食。繁殖季节为 3—4 月。刚孵化的幼体全长 24 ~ 28 毫米，成体雄鲵全长 151 ~ 200 毫米，雌鲵全长 133 ~ 162 毫米。多栖于水流平缓的石下或岸边石间。

基本资料

拉丁学名 ▶ *Liua shihi*

英文名 ▶ Wushan Salamander

物种分类 ▶ 两栖纲—有尾目—小鲵科—巴鲵属

中国保护等级 ▶ 国家二级

IUCN 红色名录 ▶ 无危（LC）

长江流域
分布

四川东部、重庆、湖北西部、陕西南部，贵州也有发现

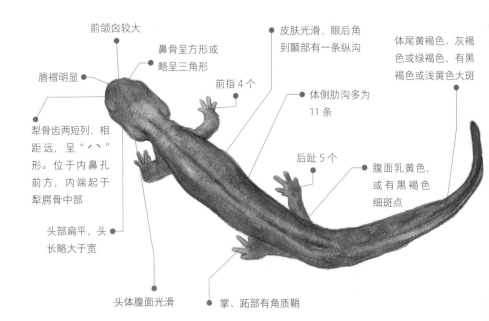

前颌囟较大

鼻骨呈方形或略呈三角形

唇褶明显

前指 4 个

皮肤光滑，眼后角到颞部有一条纵沟

体尾黄褐色、灰褐色或绿褐色，有黑褐色或浅黄色大斑

体侧肋沟多为 11 条

犁骨齿两短列，相距远，呈"〳〵"形。位于内鼻孔前方，内端起于犁腭骨中部

后趾 5 个

腹面乳黄色，或有黑褐色细斑点

头部扁平，头长略大于宽

头体腹面光滑

掌、跖部有角质鞘

贵州拟小鲵 | Guiding Salamander

贵州拟小鲵体型较大，雄鲵全长 176.0 ~ 184.0 毫米，雌鲵全长 157.1 ~ 203.4 毫米。雄鲵背尾鳍褶发达，前后肢及尾基部较粗壮。对水质与植物的要求很高，只生活于海拔 1400 ~ 1700 米的较高山地区，多栖息于植被繁茂、杂草丛生、地表枯枝落叶层厚且阴凉潮湿的地方。成体非繁殖期远离水域，生活在植被茂盛，地表枯枝落叶层厚，阴凉潮湿的环境中，幼体栖息在小溪内回水处。

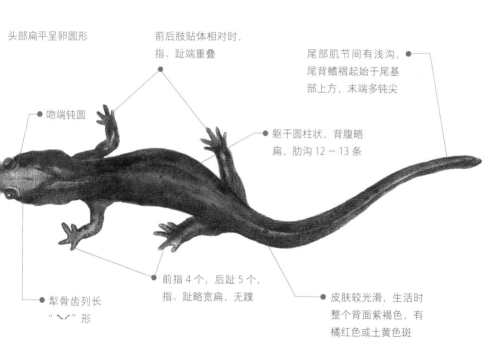

头部扁平呈卵圆形

前后肢贴体相对时，指、趾端重叠

尾部肌节间有浅沟，尾背鳍褶起始于尾基部上方，末端多钝尖

吻端钝圆

躯干圆柱状，背腹略扁，肋沟 12 ~ 13 条

前指 4 个，后趾 5 个，指、趾略宽扁，无蹼

犁骨齿列长 " ᵛ " 形

皮肤较光滑，生活时整个背面紫褐色，有橘红色或土黄色斑

基本资料

拉丁学名 ▶ *Pseudohynobius guizhouensis*
英文名 ▶ Guiding Salamander
物种分类 ▶ 两栖纲—有尾目—小鲵科—拟小鲵属
中国保护等级 ▶ 国家二级
IUCN 红色名录 ▶ 数据缺乏（DD）

长江流域分布

贵州绥阳片区

秦巴巴鲵 | Tsinpa Salamander

生活于海拔 1770 ~ 1860 米的小山溪及其附近。成鲵营陆栖生活，白天多隐蔽在小溪边或附近的石块下，主要捕食昆虫和虾类。繁殖期为 5 ~ 6 月，雌鲵产卵袋一对，一端相连成"柄"，黏附在石块底面，另一端漂于水中。幼体全长达 60 毫米以上时，外鳃逐渐萎缩至变态成幼鲵。雄鲵全长 119 ~ 142 毫米，头体长 62 ~ 71 毫米。

基本资料

拉丁学名 ▶ *Liua tsinpaensis*
英文名 ▶ Tsinpa Salamander
物种分类 ▶ 两栖纲—有尾目—小鲵科—巴鲵属
中国保护等级 ▶ 国家二级
IUCN 红色名录 ▶ 易危（VU）

长江流域分布

陕西南部、四川东北部

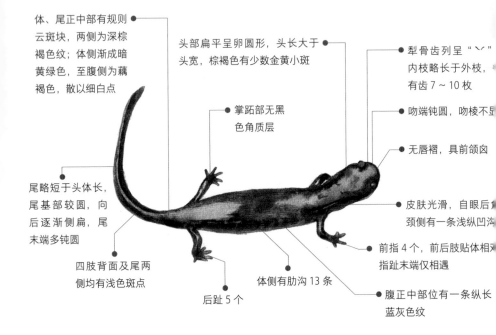

体、尾正中部有规则云斑块，两侧为深棕褐色纹；体侧渐成暗黄绿色，至腹侧为藕褐色，散以细白点

头部扁平呈卵圆形，头长大于头宽，棕褐色有少数金黄小斑

掌跖部无黑色角质层

犁骨齿列呈"∨"内枝略长于外枝，有齿 7 ~ 10 枚

吻端钝圆，吻棱不显

无唇褶，具前颌囟

尾略短于头体长，尾基部较圆，向后逐渐侧扁，尾末端多钝圆

皮肤光滑，自眼后至颈侧有一条浅纵凹沟

前指 4 个，前后肢贴体相对指趾末端仅相遇

四肢背面及尾两侧均有浅色斑点

后趾 5 个

体侧有肋沟 13 条

腹正中部位有一条纵长蓝灰色纹

黄斑拟小鲵 | Yellow Spotted Salamander

黄斑拟小鲵生活于海拔 1100 ~ 1845 米的较高山区，雄鲵全长 158 ~ 189 毫米，雌鲵 138 ~ 180 毫米。多以害虫为食，对林业虫害有一定的防治作用。属于中国特有属、种，数量稀少，在研究有尾两栖动物系统演化中具有较重要的意义。

基本资料

别名 ▶ 娃娃鱼、小娃娃鱼
拉丁学名 ▶ *Pseudohynobius flavomaculatus*
英文名 ▶ Yellow Spotted Salamander
物种分类 ▶ 两栖纲—有尾目—小鲵科—拟小鲵属
中国保护等级 ▶ 国家二级
IUCN 红色名录 ▶ 易危（VU）

头部扁平卵圆形

躯干近圆柱状而背腹略扁

皮肤光滑，背面紫褐色，有不规则的黄色斑或棕黄色斑

无唇褶

前指 4 个

后趾 5 个

肋沟 11 条，个别有 12 条

尾长与头体长几乎相等

舌较大，长椭圆形；犁骨齿列较短，呈 "〰" 形，有齿 7 ~ 17 枚

尾后段的斑较少或无体腹面为浅紫褐色

上眼睑后方至头顶中部有一 "V" 形隆起，中间略凹陷；眼后至颈褶有一条细纵沟，在口角上方向下弯曲与口角处的短横沟相交，颈侧部位较为突出，头后至尾基部脊沟较明显

生境习性

营陆栖生活，白天隐匿于阴暗潮湿处，夜间出外活动及觅食，主要捕食毛翅目等水生昆虫幼虫及金龟子等，在水内捕食虾类等。繁殖季节在 4 月中旬，卵产在泉水洞内或小溪边有树根的泥窝内。

长江流域分布

四川（南川）、贵州（绥阳）、湖北（利川）、湖南（桑植）等地区

金佛拟小鲵 | Jinfo Salamander

雄鲵全长 198.7 毫米，头体长 86.1 毫米；雌鲵全长 163.3 毫米，头体长 76.1 毫米。生活于海拔 1900 ～ 2150 米植被繁茂的较高山区，成体白天隐蔽在溪边草丛内，晚上在水内生活。非繁殖期成鲵远离水域，生活在灌木杂草茂密的地表枯枝落叶层潮湿的环境中。

基本资料

拉丁学名 ▶ *Pseudohynobius jinfo*

英文名 ▶ Jinfo Salamander

物种分类 ▶ 两栖纲—有尾目—小鲵科—拟小鲵属

中国保护等级 ▶ 国家二级

IUCN 红色名录 ▶ 濒危（EN）

长江流域分布

重庆南川区金佛山

皮肤较光滑；生活时整个背面紫褐色，有不规则的土黄色小斑点或斑块

头部扁平呈卵圆形，头长大于头宽

吻端钝圆

上、下颌有细齿，犁骨齿列长，呈"ヽ╱"形，每侧有齿 8 ～ 9 枚

无唇褶

前指 4 个，前肢明显较后肢细，前后肢贴体相对时，指、趾端略重叠

后趾 5 个，指、趾间无蹼

头后至尾基部脊沟明显，肋沟 12 条

尾明显长于头体长，尾背鳍褶起始于尾基部上方，末端钝尖

躯干圆柱状，背腹略扁

掌、跖部无黑色角质层，无掌跖突

宽阔水拟小鲵 | Kuankuoshui Salamander

雄鲵全长 162 毫米,雌鲵全长 150～155 毫米,尾长分别为头体长的 90% 和 73% 左右。生活于海拔 1350～1500 米的较高山区,主要植被有灌木、乔木林、茶树丛和草丛。成鲵在非繁殖季节期间远离水域营陆栖生活,多栖息于植被繁茂、杂草丛生,地表枯枝落叶层厚、阴凉潮湿的地方。幼体栖于小山溪回水处。

保护现状

为更好地保护宽阔水拟小鲵等资源,2007 年国务院批准建立贵州宽阔水国家级自然保护区,保护区总面积 26231 公顷,主要对鸟类、两栖类及微生物、大型真菌等资源进行保护和研究。

基本资料

拉丁学名 ▶ *Pseudohynobius kuankuoshuiensis*

英文名 ▶ Kuankuoshui Salamander

物种分类 ▶ 两栖纲—有尾目—小鲵科—拟小鲵属

中国保护等级 ▶ 国家二级

IUCN 红色名录 ▶ 极危(CR)

长江流域分布

贵州绥阳

皮肤光滑;体腹面色较浅,整个背面紫褐色,有近圆形土黄色斑块,尾后段较少

头部扁平,头长大于头宽;中部有一"V"形隆起,中间略凹陷

钝圆,于下唇

颈褶明显

躯干近圆柱状,背腹略扁,肋沟 11 条

后趾 5 个

齿列呈"形

前指 4 个

前肢比后肢略细,无蹼;前、后肢贴体相对时,指、趾端仅相遇或略重叠

掌、跖部无黑色角质层,掌、跖突略显

尾背鳍褶较弱,末段侧扁渐细窄,末端钝圆

水城拟小鲵 | Shuicheng Salamander

体型较大，雄鲵全长 178 ~ 210 毫米，雌鲵全长 186 ~ 213 毫米，雄、雌鲵尾长分别为头体长的 94% 和 91% 左右。生活于海拔 1910 ~ 1970 米的石灰岩山区，山上长有常绿乔木和灌丛，杂草丛生，植被繁茂，地表枯枝落叶层较厚，溪流水质清澈，终年不断，环境内湿度较大。成鲵一般栖息于离水 10 ~ 20 米的林间枯叶层、草丛、土穴及石灰岩洞穴中，非繁殖期间营陆栖生活，夜间外出活动，以昆虫、螺类及其他小动物为食。繁殖季节在 5 月上旬至 6 月下旬。

基本资料

拉丁学名 ▶ *Pseudohynobius shuichengensis*
英文名 ▶ Shuicheng Salamander
物种分类 ▶ 两栖纲—有尾目—小鲵科—拟小鲵
中国保护等级 ▶ 国家二级
IUCN 红色名录 ▶ 极危（CR）

长江流域分布

贵州省水城县

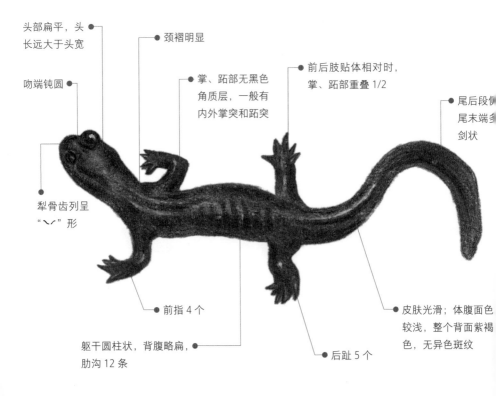

头部扁平，头长远大于头宽

颈褶明显

掌、跖部无黑色角质层，一般有内外掌突和跖突

前后肢贴体相对时，掌、跖部重叠 1/2

尾后段侧尾末端多剑状

吻端钝圆

犁骨齿列呈"〵"形

前指 4 个

躯干圆柱状，背腹略扁，肋沟 12 条

后趾 5 个

皮肤光滑；体腹面色较浅，整个背面紫褐色，无异色斑纹

弱唇褶山溪鲵 | Cochran's Stream Salamander

弱唇褶山溪鲵体型中等偏小，雄鲵全长106～126.5毫米，雌鲵全长约155毫米，尾长为头体长的83%左右。生活在海拔3500～3900米的高山区，常栖息于植被繁茂，地面极为阴湿的环境中，多见于药用植物——羌活的根部潮湿的环境中。因为有药用价值，过度利用和栖息地的生态环境质量下降，使得其种群数量减少。

基本资料

别名 ▶ 羌活鱼
拉丁学名 ▶ *Batrachuperus cochranae*
英文名 ▶ Cochran's Stream Salamander
物种分类 ▶ 两栖纲—有尾目—小鲵科—山溪鲵属
中国保护等级 ▶ 国家二级
IUCN 红色名录 ▶ 易危（VU）

头顶平，头长大于头宽，后部较宽扁

颈褶呈弧形，眼后至颈褶有一条浅沟

掌、跖部无黑色角质层

躯干浑圆，尾基部圆柱状，向后逐渐侧扁，尾鳍褶平直而低厚，后部较薄

部高，端宽圆

唇褶弱，犁骨齿列呈"〈〉"形

侧部位较隆起

前指4个

后趾4个

皮肤光滑，体腹面灰黄色，腹面无纵褶，体尾背面黄褐色，散布有深棕色斑点

前后肢贴体相对时，指趾端仅相遇

长江流域分布

四川（宝兴、小金）

无斑山溪鲵 | Schumidt's Stream Salamander

　　雄鲵全长 151～220 毫米，雌鲵全长 145～191 毫米。生活于海拔 1800～4000 米的山地小溪中，常栖息于较平整的石头下面。主要以水中的对虾、石蝇幼虫等为食。

基本资料

别名 ▶ 杉木鱼、羌活鱼

拉丁学名 ▶ *Batrachuperus karlschmidti*

英文名 ▶ Schumidt's Stream Salamander

物种分类 ▶ 两栖纲—有尾目—小鲵科—山溪鲵属

中国保护等级 ▶ 国家二级

IUCN 红色名录 ▶ 易危（VU）

长江流域分布

四川西部、西藏东北部、云南西北部

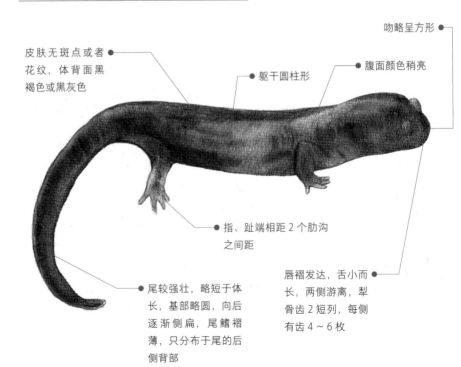

皮肤无斑点或者花纹，体背面黑褐色或黑灰色

躯干圆柱形

腹面颜色稍亮

吻略呈方形

指、趾端相距 2 个肋沟之间距

尾较强壮，略短于体长，基部略圆，向后逐渐侧扁，尾鳍褶薄，只分布于尾的后侧背部

唇褶发达，舌小而长，两侧游离，犁骨齿 2 短列，每侧有齿 4～6 枚

龙洞山溪鲵 | Londong Stream Salamander

体型中等，雄鲵全长 155 ~ 265 毫米，雌鲵全长 163 ~ 232 毫米，雄、雌鲵尾长分别为头体长的 92% 和 86% 左右。生活于海拔 1200 米左右的泉水洞以及下游河内，分布甚为狭窄，繁殖力甚低，由于人类活动影响对部分生态环境破坏较大，其栖息和繁殖场所变小，数量明显减少，建议当地有关部门采取措施加以保护。

基本资料

别名 ▸ 杉木鱼
拉丁学名 ▸ *Batrachuperus londongensis*
英文名 ▸ Londong Stream Salamander
物种分类 ▸ 两栖纲—有尾目—小鲵科—山溪鲵属
中国保护等级 ▸ 国家二级
IUCN 红色名录 ▸ 濒危（EN）

- 犁骨齿列呈 "〵〵" 形
- 头较扁平，头长大于头宽
- 性成熟的多数个体颈侧有鳃孔或外鳃残迹
- 皮肤光滑；体背面多为黑褐色、褐黄色
- 颈褶呈弧形
- 前指 4 个，后趾 4 个，指趾末端黑色角质层呈爪状
- 掌、跖部腹面有棕黑色角质层
- 尾基部圆柱状，向后逐渐侧扁；尾背鳍褶低厚，约起于尾的中部，尾末端钝圆
- 躯干略扁
- 体腹面浅紫灰色，有的有蓝黑色云斑
- 前后肢贴体相对时，指趾端相距 2 ~ 3 条肋沟

生境习性

常蜷曲于石下，轻轻翻开石块，多静匍不动，捕捉时水稍有振动，则迅速游到另外的石下。成鲵主要营水栖生活，在水中捕食虾类和水生昆虫及其幼虫等。繁殖期在 4 月左右。

长江流域分布

四川峨眉山

盐源山溪鲵 | Yenyuan Stream Salamander

雄鲵全长 163 ~ 211 毫米，雌鲵全长 135 ~ 175 毫米，雄、雌鲵尾长分别为头体长的 119% 和 107% 左右。生活在海拔 2900 ~ 4400 米的地区。

基本资料

别名 ▶ 羌活鱼
拉丁学名 ▶ *Batrachuperus yenyuanensis*
英文名 ▶ Yenyuan Stream Salamander
物种分类 ▶ 两栖纲—有尾目—小鲵科—山溪鲵属
中国保护等级 ▶ 国家二级
IUCN 红色名录 ▶ 濒危（EN）

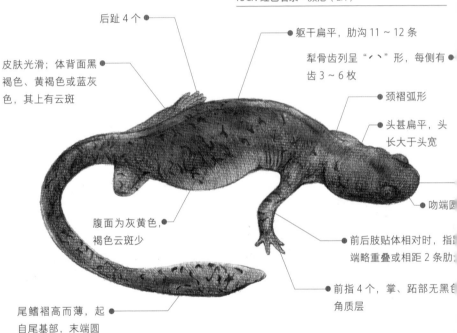

后趾 4 个

皮肤光滑；体背面黑褐色、黄褐色或蓝灰色，其上有云斑

躯干扁平，肋沟 11 ~ 12 条

犁骨齿列呈"〜〜"形，每侧有齿 3 ~ 6 枚

颈褶弧形

头甚扁平，头长大于头宽

吻端圆

前后肢贴体相对时，指趾端略重叠或相距 2 条肋

前指 4 个，掌、跖部无黑色角质层

腹面为灰黄色，褐色云斑少

尾鳍褶高而薄，起自尾基部，末端圆

生境习性

成鲵常栖于溪内石块下或枯枝落叶中，个别的在沟边石缝、土洞或树根孔隙中，并在其中冬眠，春天再返回水中生活。以藻类、水生植物、草籽、某些昆虫的幼虫和成虫等为食。白天隐伏于石下或石块间，晚上出来活动。游泳时鼻孔露出水面，受惊扰后则先呼出气体，然后游到隐蔽处潜伏不动；潜伏于石块下者，多数头朝逆水方向，可能与捕食有关。

长江流域分布

四川（盐源、西昌、冕宁）

山溪鲵 | Stream Salamander

山溪鲵成体体长一般为 100 ~ 300
毫米，体重为 50 ~ 250 克。与恐龙同
在一个时代，堪称"生物活化石"，具
有重要的科研价值。

基本资料

别名 ▶ 羌活鱼、杉木鱼、白龙
拉丁学名 ▶ *Batrachuperus pinchonii*
英文名 ▶ Stream Salamander
物种分类 ▶ 两栖纲—有尾目—小鲵科—山溪鲵属
中国保护等级 ▶ 国家二级
IUCN 红色名录 ▶ 易危（VU）

长江流域
分布

陕西、四川、云南、贵州

- 尾粗壮，圆柱形，向后逐渐侧扁
- 生活时体色变异大，背面一般为深棕或棕黄色，也有黑灰、橄榄绿或褐红色
- 腹面色浅，有细密麻斑
- 体侧有 12 条肋沟，少数为 11 或 13 条，偶有 14 条
- 皮肤光滑
- 指、趾末端角质鞘极强，色黑，几成爪状；指端到掌部和趾端到跖部为棕色角质鞘所覆盖
- 前指 4 个
- 后趾 4 个
- 躯干浑圆略扁平
- 颈褶弧形
- 眼大，口角位于眼后角下方
- 吻端圆，吻棱不明显，鼻孔靠近吻端
- 舌大，长椭圆形，两侧缘游离；咽喉部皮肤薄，有数条纵肤褶
- 上唇褶极发达，下唇褶弱；上、下颌有细齿；犁骨齿列两小团，呈"ᐱᐱ"形，每侧有小齿 4 ~ 6 枚，多者可达 7 枚

生境习性

生活在海拔 1500 ~ 3950 米的山区流溪内，水流较急。成鲵多栖息于碎石或腐木下，被翻出后，常蜷曲不动，体色与溪底相似，不易发现；捕捉时，因体表有大量黏液而非常滑腻，不易捕捉，脱逃后即迅速潜入浑水处或其他石下隐蔽。以水虱和毛翅目、襀翅目等的幼虫为食，也捕食虾类。主要靠肺和湿润的皮肤交换空气呼吸。5—7 月为繁殖期，雌鲵产卵袋一对，一端相连成柄并黏附在石块底面。

西藏山溪鲵 | Alpine Stream Salamander

雄鲵全长 175～211 毫米，雌鲵全长 170～197 毫米，雄、雌鲵尾长分别为头体长的 104% 和 96% 左右。受滥捕乱捉、栖息地环境变化、水利工程建设、水源污染等多种因素影响，西藏山溪鲵生活环境遭到严重破坏，资源急剧下降。同时，西藏山溪鲵作为一种古老的有尾两栖动物，难以适应急剧变化的生活环境，造成种群资源量严重缩减。

基本资料

别名 ▶ 羌活鱼、山辣子、杉木鱼
拉丁学名 ▶ *Batrachuperus tibetanus*
英文名 ▶ Alpine Stream Salamander，Tibetan Strea Salamander
物种分类 ▶ 两栖纲—有尾目—小鲵科—山溪鲵属
中国保护等级 ▶ 国家二级
IUCN 红色名录 ▶ 易危（VU）

鼻孔略近吻端

吻短，吻端宽圆，吻棱不明显

头长略大于头宽

体侧一般有 12 条肋沟

生活时，皮肤极光滑，白色分泌物甚多，背一般为深灰色或橄榄灰色，无斑或有细麻腹面浅灰色

口角位于眼后角下方，上唇褶很发达，下唇褶弱，为上唇褶所遮盖；上、下颌骨有细齿；犁骨齿呈"∧"形，位于内鼻孔之间或稍后，每侧有小齿 4～6 枚；舌大，长椭圆形，两侧略游离

躯干浑圆或略扁平

指、趾末端角质强，色黑；掌、趾无角质鞘

尾肌发达，肩壮，呈圆柱向后逐渐侧扁

四肢适中；指、趾端扁平，末端钝圆，基部无蹼；前指 4 个，后趾 4 个。脊沟不显

生境习性

生活于海拔 1500～4300 米的高原或高山高寒地区的流溪内，或者栖息于泉水石滩及其下游溪沟内。成鲵以水栖生活为主，白天多隐于溪内石块或倒木下，夜晚出来觅食。行动缓慢，易于捕捉，但由于身体光滑且黏液甚多，在捕捉时常常不易捉住而滑脱逃逸。幼体和变态后的幼鲵多在小溪上游生活。主要以钩虾、昆虫及其幼虫等为食。繁殖季节为 5 月至 8 月初，多在 5—6 月产卵。

长江流域分布

四川、西藏、陕西、青海、甘肃等地

义乌小鲵 | Yiwu Hynobiid

1985 年，浙江自然博物馆专家蔡春抹发现于义乌市大陈镇的一处深山中，因此将其命名为"义乌小鲵"。雄鲵全长 83 ～ 136 毫米，雌鲵全长 87 ～ 117 毫米。因其古老的起源（最早可追溯到侏罗纪时代）及奇特的外形，又被称为神秘的"四脚怪鱼"。研究义乌小鲵在有尾两栖动物的分类地位及其地理分布现状，对深入探讨两栖动物的演化有较大的意义。

基本资料

拉丁学名 ▶ *Hynobius yiwuensis*
英文名 ▶ Yiwu Hynobiid，Yiwu Salamander
物种分类 ▶ 两栖纲—有尾目—小鲵科—小鲵属
中国保护等级 ▶ 国家二级
IUCN 红色名录 ▶ 无危（LC）

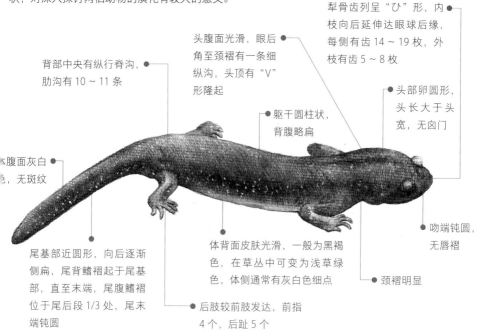

背部中央有纵行脊沟，肋沟有 10 ～ 11 条

头腹面光滑，眼后角至颈褶有一条细纵沟，头顶有"V"形隆起

犁骨齿列呈"ひ"形，内枝向后延伸达眼球后缘，每侧有齿 14 ～ 19 枚，外枝有齿 5 ～ 8 枚

躯干圆柱状，背腹略扁

头部卵圆形，头长大于头宽，无囟门

腹面灰白色，无斑纹

尾基部近圆形，向后逐渐侧扁，尾背鳍褶起于尾基部，直至末端，尾腹鳍褶位于尾后段 1/3 处，尾末端钝圆

体背面皮肤光滑，一般为黑褐色，在草丛中可变为浅草绿色，体侧通常有灰白色细点

后肢较前肢发达，前指 4 个，后趾 5 个

吻端钝圆，无唇褶

颈褶明显

生境习性

生活于海拔 100 ～ 200 米的丘陵山地，除繁殖季节外，营陆栖生活，多见于疏松潮湿的泥土、石块或腐枝烂叶下面，很少在地面发现它们的踪迹。以蚯蚓、蜈蚣和马陆等小动物为食。繁殖季节为 12 月中旬至翌年 2 月，卵产在水池（坑）或小水库边缘。

保护现状

浙江省义乌市于 2017 年启动"义乌小鲵"抢救保护行动，通过开展"义乌小鲵"野外资源调查、栖息地保护、人工复壮等举措达到"义乌小鲵"救护目的，并通过室内人工配种、胚胎孵化、稚鲵培育、成鲵培育，成功繁育幼体 1000 余尾，原生境放归 500 尾。

长江流域分布

浙江（镇海、义乌、温岭、江山、萧山、舟山）少数地区

大鲵 | Chinese Giant Salamander

　　大鲵是由 3.6 亿年前古生代泥盆纪时期水生鱼类演变而成的古老的两栖类动物，是两栖类的重要旗舰物种，也是现生世界上最大的两栖动物，一般全长 58 ~ 83 厘米，头体长 31 ~ 58 厘米，最大个体全长可达 2 米以上。

基本资料

别名 ▶ 娃娃鱼、人鱼、孩儿鱼、脚鱼

拉丁学名 ▶ *Andrias davidianus*

英文名 ▶ Chinese Giant Salamander

物种分类 ▶ 两栖纲—有尾目—隐鳃鲵科—大鲵属

中国保护等级 ▶ 国家二级（仅限野外种群）

IUCN 红色名录 ▶ 极危（CR）

长江流域分布

长江流域四川、贵州、江西、安徽、湖北、湖南等省常见，陕西、青海也有分布

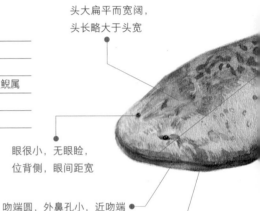

头大扁平而宽阔，头长略大于头宽

眼很小，无眼睑，位背侧，眼间距宽

吻端圆，外鼻孔小，近吻端

前指 4 个

口大，口后缘上唇唇褶清晰

中国大鲵　　中国小鲵

生境习性

　　成鲵一般栖息在海拔 1000 米以下的溪河深潭内的岩洞、石穴之中，以滩口上下的洞穴内较为常见，食性很广，主要以蟹、蛙、鱼、虾以及水生昆虫及其幼虫等为食。大鲵一般夜出晨归，常住一个洞穴。牙齿又尖又密，咬肌发达，但不能咀嚼，只能将猎物囫囵吞下。体表光滑、满布黏液的身体，当遇到危险时会放出奇特的气味，令敌人知臭而退。视力不好，主要通过嗅觉和触觉来感知外界信息，它们还能通过皮肤上的疣来感知水中的震动，进而捕捉水中的鱼虾以及昆虫。

保护现状

在 2000 年后，我国通过建立自然保护区和相关立法对大鲵进行保护，随着人工繁殖技术的成熟，野外放流作为大鲵野外种群快速恢复的重要手段。截至 2015 年，我国已经建立以大鲵为主要保护对象或大鲵相关的自然保护区 47 个，也建立了一些非原生地大鲵保护区，作为迁地种群保护的种质资源储存库。

齿列甚长位于犁腭骨前缘，左连，相连处微凹，与上颌齿平列呈一弧形；舌大而圆，与口部粘连，四周略游离

躯干粗壮扁平，颈褶明显，有肋沟 12 ~ 15 条

体表光滑湿润。生活时体色变异较大，一般以棕褐色为主，其变异颜色有暗黑、红棕、褐色、浅褐、黄土、灰褐和浅棕等色

四肢粗短，后肢略长，指、趾扁平

后趾 5 个

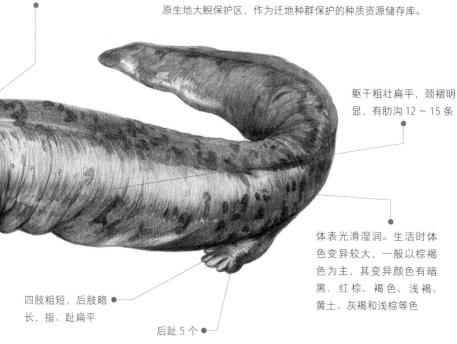

中国大鲵、中国小鲵、东方蝾螈主要特征对比			
	中国大鲵	中国小鲵	东方蝾螈
体型大小	大，体长可达 2 米以上	中等，体长 10 ~ 30 厘米	小，体长 6 ~ 7 厘米
眼睑	无	有	有
体侧纵形	有	无	无
肤褶	有	无	无
尾长	约为全长的 1/3	约为全长的 1/2	接近全长的 1/2
四肢	短页粗，趾间有浅蹼	较粗壮，无指间和趾间无蹼	较长，趾间无蹼
产卵	卵径 5 ~ 7 厘米，位于念珠状的卵带中	卵呈群囊状	卵很小，单生，常被包于树叶内

大凉螈 | Taliang Knobby Newt

大凉螈是我国特有的珍稀有尾两栖动物，我国两栖爬行动物学的奠基人刘承钊先生于 1950 年在大凉山区发现并将其定名为大凉疣螈（*Tylototriton taliangensis Liu*）。但是根据外部形态结构特点，费梁等人认为它与疣螈属其他物种区别较大，因此将其建立为一个独立的属，即凉螈属 *Liangshantriton*，更名为大凉螈 *Liangshantriton taliangensis*，它便成了单属单种的一个物种，其在系统发育及分类学上具有重要地位。

基本资料

拉丁学名 ▶ *Liangshantriton taliangensis*
英文名 ▶ Taliang Knobby Newt
物种分类 ▶ 两栖纲—有尾目—蝾螈科—凉螈属
中国保护等级 ▶ 国家二级
IUCN 红色名录 ▶ 易危（VU）

生境习性

生活于海拔 1390 ~ 3000 米植被茂密、环境潮湿的山间凹地。成螈以陆栖为主，白天多隐蔽在石穴、土洞或草丛下，夜间外出觅食昆虫及其他小动物。既能在陆地和水底爬行，也能在水中游动。爬行速度迟缓，路线不固定，反捕获能力弱。在水中游动迅速，能灵活地改变运动方向，反捕获能力强于陆地。每年 5—6 月为繁殖季，单卵粒分散在水生植物间或沉入水底。卵和幼体在水域内发育生长，一般当年完成变态。

生活时周身棕黑色，背面色较深，仅耳后腺部位、指、趾、肛裂周缘至尾下缘为橘红色

无肋沟

无囟门

吻部高，吻端平截，近方形，鼻孔近吻端无唇褶

头部扁平，头长略大于头宽

犁骨齿列长，呈"ʌʌ"形

颈褶明显

四肢长，前、后肢贴体相对时，指、趾重叠或互达掌、跖部；前指 4 个

保护现状

　　大凉螈是我国特有的珍稀有尾两栖动物，其种群数量目前呈现明显下降趋势，然而涉及该物种保护的繁殖生态学研究仍十分匮乏。

　　目前大凉螈的分布仅限于我国四川西部的汉源、冕宁、石棉、美姑、昭觉、峨边及马边等地，其栖息地的总体面积不超过 2 万平方千米。由于栖息地质量下降以及被人为捕捉用作中药"羌活鱼"（即山溪鲵）的替代品和宠物饲养，其种群数量明显呈下降趋势。

长江流域分布

四川（汉源、冕宁、石棉、美姑、昭觉、峨边、马边）

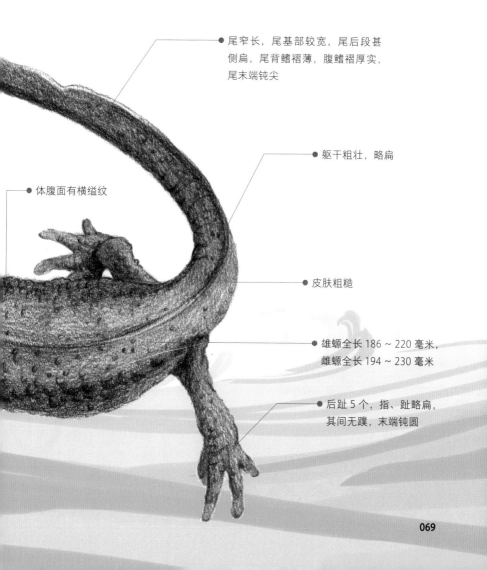

尾窄长，尾基部较宽，尾后段甚侧扁，尾背鳍褶薄，腹鳍褶厚实，尾末端钝尖

躯干粗壮，略扁

体腹面有横缢纹

皮肤粗糙

雄螈全长 186 ~ 220 毫米，雌螈全长 194 ~ 230 毫米

后趾 5 个，指、趾略扁，其间无蹼，末端钝圆

川南疣螈 | Chuannan Knobby Newt

身体修长，雄螈全长 156.2 ~ 173.0 毫米，雌螈全长 178.2 毫米左右，最大超过 2 米。生活于海拔 2300 ~ 2800 米的山区次生林带。成螈常活动于静水区域和湿地中，陆栖为主，捕食小型水生昆虫和软体动物。繁殖期在 6—7 月，此期成螈昼夜出外活动，常聚集于沼泽地水坑和静水塘中交配或产卵。

基本资料

拉丁学名 ▶ *Tylototriton pseudoverrucosus*
英文名 ▶ Chuannan Knobby Newt or Crocodile Ne
物种分类 ▶ 两栖纲—有尾目—蝾螈科—疣螈属
中国保护等级 ▶ 国家二级
IUCN 红色名录 ▶ 濒危（EN）

生活时头侧棱脊、体侧大瘰粒、背脊、指趾前段、肛部及尾部均为棕红色，头顶及其余部位黑色或棕黑色

腹面较光滑，满布横缢纹

皮肤粗糙，体侧有大瘰粒

尾侧扁，尾鳍褶发达

吻短，吻端钝或平截；鼻孔位于吻端的外侧；位于眼后角下方

头部扁平而较顶部略有凹陷长大于头宽；及两侧有显著质棱脊；犁骨呈"∧"形

体侧腋至胯部、头体和四肢腹面为棕红（或棕黑）色或其上有棕黑（或棕红）色斑纹

四肢细长，指趾扁且细长，末端钝圆；前指4个，后趾5个；基部均无蹼；无掌、跖突

长江流域分布

四川宁南县

浏阳瑶螈 | Liuyang Knobby Newt

雄螈全长 110.1 ~ 146.5 毫米，雌螈 138.6 ~ 154.2 毫米。生活在海拔 1380 米左右的山区沼泽地附近，成体主要为陆栖，5—6 月在沼泽中繁殖。雄螈泄殖腔部丘状隆起较低且宽，肛孔纵裂较长，内唇皱前端有一锥状小乳突；雌螈呈丘状隆起，肛裂短或略呈圆形，内壁无乳突。

基本资料

拉丁学名 ▶ *Yaotriton liuyangensis*
英文名 ▶ Liuyang Knobby Newt
物种分类 ▶ 两栖纲—有尾目—蝾螈科—瑶螈属
中国保护等级 ▶ 国家二级
IUCN 红色名录 ▶ 近危（NT）

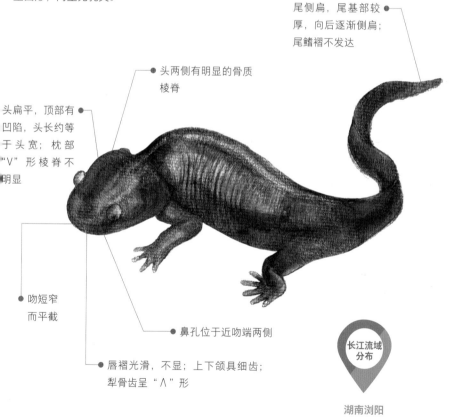

尾侧扁，尾基部较厚，向后逐渐侧扁；尾鳍褶不发达

头两侧有明显的骨质棱脊

头扁平，顶部有凹陷，头长约等于头宽；枕部"V"形棱脊不明显

吻短窄而平截

鼻孔位于近吻端两侧

唇褶光滑，不显；上下颌具细齿；犁骨齿呈"Λ"形

长江流域分布

湖南浏阳

贵州疣螈 | Redtailed Knobby Newt

体型小而粗壮。体长 16 ~ 21 厘米，尾长 6 ~ 9 厘米。由于人类活动对环境的破坏、过度捕捉、天敌侵食等原因，贵州疣螈的种群数量处于下降的状态。

研究表明，贵州疣螈的繁殖与发育受降雨、水量、温度变化的影响较大，且繁殖场所相对较为固定，容易受到人类活动的干扰。因此，在石漠化治理和生态修复时注重贵州疣螈的栖息地保护，必要时应人工新建稳固繁殖场，保障其生态繁衍。

基本资料

其他名称 ▶ 苗婆蛇、土哈蚧、描抱石
拉丁学名 ▶ *Tylototriton kweichowensis*
英文名 ▶ Redtailed Knobby Newt, Kweichow Crocodile Newt
物种分类 ▶ 两栖纲—有尾目—蝾螈科—疣
中国保护等级 ▶ 国家二级
IUCN 红色名录 ▶ 易危（VU）

头部扁平、顶部有凹陷

颈后土黄色，背脊部及体两侧沿瘰疣部位有三条土黄色宽纵纹，在尾基部会合，整个尾部土黄色

皮肤粗糙，头背部及体腹部深黑褐色，吻及上下唇缘色较浅

尾长短于头体长基椭圆形向后渐侧尾中段比前后段钝

吻短，吻端钝圆

鼻孔较小，位于吻前端

指趾端的背腹面生活时为橘红色

犁骨齿呈"八"形；舌略呈长椭圆形，约占口腔底部的一半

眼中等大，位于头侧

四肢粗短，前后肢几乎等长，指、趾端钝圆，前指 4 个，后趾 5 个

体侧腋至胯部或多或少有土黄色斑纹

长江流域分布

贵州（威宁、毕节、水城、安龙、纳雍、大方）、云南（彝良、永

生境习性

多生活在海拔 1800 ~ 2300 米山区的小水塘、缓流小溪流及其附近，周围有杂草或矮灌木，溪底有淤泥或碎石细沙，水域岸边有阴湿草坡、多石缝、土洞。水中多藻类与水生植物，水深 1 米以下。以陆栖为主，平时多在水域附近阴湿地方活动觅食，

繁殖季节才进入水中。以昆虫、蛞蝓以及小螺、和蝌蚪等为食。繁殖期为 4 月下旬至 7 月，5—进入小水塘、浸水塘或小溪流内繁殖。8 月底至月初陆续完成变态，幼体全长一般在 60 毫米以幼体在水中生活，当年变态后在陆地上生活。

安徽瑶螈 | Anhui Crocodile Newt

体型小，雄螈体长为 119 ~ 146 毫米，雌螈为 104 ~ 165 毫米。生活在海拔 1000 ~ 1200 米的山区。成螈以陆栖为主。4—5 月繁殖，见于池塘中、湿润的石块上、石头间的湿润泥土、腐烂的湿玉米秸秆堆和稻田的土壤中。该螈为夜行性动物，以蠕虫、苍蝇及其幼虫等为食。

长江流域分布

安徽岳西、大别山区南部

基本资料

拉丁学名 ▶ *Yaotriton anhuiensis*
英文名 ▶ Anhui Crocodile Newt
物种分类 ▶ 两栖纲—有尾目—蝾螈科—瑶螈属
中国保护等级 ▶ 国家二级
IUCN 红色名录 ▶ 极危（CR）

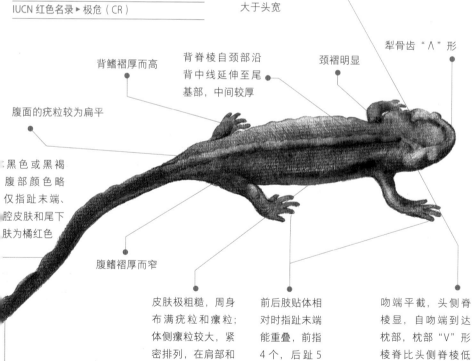

头部扁平，头长大于头宽

犁骨齿 "∧" 形

背鳍褶厚而高

背脊棱自颈部沿背中线延伸至尾基部，中间较厚

颈褶明显

腹面的疣粒较为扁平

黑色或黑褐腹部颜色略仅指趾末端、腔皮肤和尾下肤为橘红色

腹鳍褶厚而窄

皮肤极粗糙，周身布满疣粒和瘰粒；体侧瘰粒较大，紧密排列，在肩部和尾基部之间形成两条纵列

前后肢贴体相对时指趾末端能重叠，前指4 个，后趾 5个，无缘膜和角质鞘

吻端平截，头侧脊棱显，自吻端到达枕部，枕部 "V" 形棱脊比头侧脊棱低平，末端与背正中脊棱相连

尾侧扁，尾末端钝

宽脊瑶螈 | Sangzhi Knobby Newt

体型较小，雄螈全长 110 ~ 140 毫米，雌螈全长 138 ~ 163 毫米，其尾长分别为头体长的 90% 和 78% 左右。生活于海拔 1000 ~ 1600 米的山区，成螈以陆栖为主。5 月初成螈到静水塘边繁殖，卵群隐蔽在陆地枯叶下。一般雄螈先进入繁殖场，雌性略后。雌性产卵后即离开繁殖场，雄性稍迟离开。11 月进入冬眠。

基本资料

拉丁学名 ▸ *Yaotriton broadoridgus*
英文名 ▸ Sangzhi Knobby Newt
物种分类 ▸ 两栖纲—有尾目—蝾螈科—瑶螈属
中国保护等级 ▸ 国家二级

长江流域分布

湖北（五峰）、湖南（桑植）

背鳍褶较高而薄，腹鳍褶窄而厚

躯干圆柱状，背脊棱宽

头部扁平，吻端平截头侧棱脊明显，头顶部有一"V"形棱脊；犁骨齿列呈"Λ"形

尾弱而侧扁；尾末端钝尖

体尾背面为黑褐色，仅指、趾和掌、跖突以及尾部下缘为橘红色

前、后肢贴体相对时，指趾端相遇或略重叠；内掌突比外掌突出；前指 4 个，后趾 5 个

皮肤粗糙，周身满疣粒；体侧大瘰粒纵带，瘰粒间隔不体腹面疣粒显著，成横缢纹状

大别瑶螈 | Dabie Knobby Newt

　　雌螈全长 145.4 毫米，头体长 76.1 毫米。生活于海拔 750 米左右的山区，栖息环境阴湿、水源丰富、植被茂盛，地面腐殖质丰厚，其上有枯枝落叶和沙石。成螈以陆栖为主，繁殖季节在 4—5 月，繁殖期到水塘边陆地上产卵。

长江流域分布

安徽（岳西）、湖北（黄梅）

基本资料

拉丁学名 ▶ *Yaotriton dabienicus*
英文名 ▶ Dabie Knobby Newt
物种分类 ▶ 两栖纲—有尾目—蝾螈科—瑶螈属
中国保护等级 ▶ 国家二级
IUCN 红色名录 ▶ 濒危（EN）

头扁平，头长远大于头宽，吻端平截；头侧棱脊甚明显，头顶部有一"Ｖ"形棱脊与背正中脊棱连续至尾基部；犁骨齿列呈"Λ"形

皮肤极粗糙，周身满布疣粒；体侧大疣粒群彼此分界不清，几乎形成纵带；腹面疣粒显著，有横缢纹状

躯干略扁

背鳍褶较高而薄，腹鳍褶窄而厚

尾弱而侧扁，尾末端钝尖

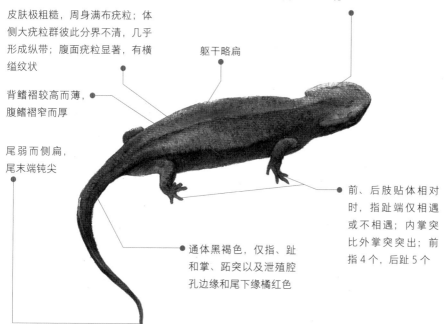

通体黑褐色，仅指、趾和掌、跖突以及泄殖腔孔边缘和尾下缘橘红色

前、后肢贴体相对时，指趾端仅相遇或不相遇；内掌突比外掌突突出；前指 4 个，后趾 5 个

莽山瑶螈 | Mangshan Crocodile Newt

　　体型中等，雄螈全长 145.6 ~ 173.0 毫米，雌螈 150.0 ~ 156.5 毫米。生活于海拔 952 ~ 1200 米的山区，栖息于喀斯特地貌、植被茂密的区域。成螈白天隐于地洞（沟）内，夜间见于水坑、水井或流溪缓流中，捕食小型水生昆虫、虾和软体动物。繁殖期在 5—6 月，在缓流水、路边或沼泽地浸水坑岸边交配或产卵。

基本资料

拉丁学名 ▶ *Yaotriton lizhenchangi*
英文名 ▶ Mangshan Crocodile Newt
物种分类 ▶ 两栖纲—有尾目—蝾螈科—瑶螈属
中国保护等级 ▶ 国家二级
IUCN 红色名录 ▶ 极危（CR）

长江流域分布

湖南宜章莽山

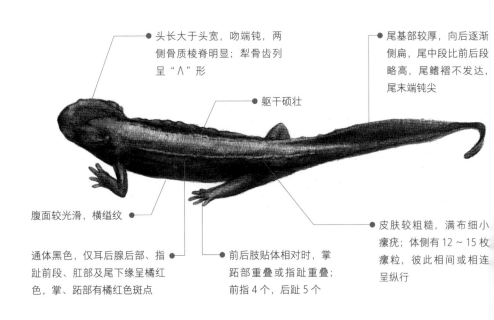

头长大于头宽，吻端钝，两侧骨质棱脊明显；犁骨齿列呈 "∧" 形

躯干硕壮

尾基部较厚，向后逐渐侧扁，尾中段比前后段略高，尾鳍褶不发达，尾末端钝尖

腹面较光滑，横缢纹

通体黑色，仅耳后腺后部、指趾前段、肛部及尾下缘呈橘红色，掌、跖部有橘红色斑点

前后肢贴体相对时，掌跖部重叠或指趾重叠；前指 4 个，后趾 5 个

皮肤较粗糙，满布细小瘰疣；体侧有 12 ~ 15 枚瘰粒，彼此相间或相连呈纵行

文县瑶螈 | Wenxian Knobby Newt

　　体型较小，雄螈全长 126 ~ 133 毫米，雌螈全长 105 ~ 140 毫米，其尾长分别为头体长的 87% 和 76% 左右。生活于海拔约 940 米的林木繁茂的山区，以陆栖为主，在陆地上冬眠。5 月左右成螈到静水塘内活动和繁殖。

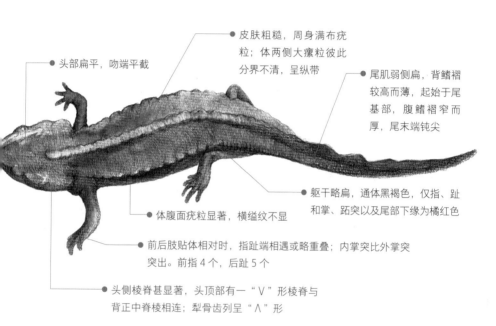

- 头部扁平，吻端平截
- 皮肤粗糙，周身满布疣粒；体两侧大瘰粒彼此分界不清，呈纵带
- 尾肌弱侧扁，背鳍褶较高而薄，起始于尾基部，腹鳍褶窄而厚，尾末端钝尖
- 躯干略扁，通体黑褐色，仅指、趾和掌、跖突以及尾部下缘为橘红色
- 体腹面疣粒显著，横缢纹不显
- 前后肢贴体相对时，指趾端相遇或略重叠；内掌突比外掌突突出。前指 4 个，后趾 5 个
- 头侧棱脊甚显著，头顶部有一 "∨" 形棱脊与背正中脊棱相连；犁骨齿列呈 "∧" 形

基本资料

拉丁学名 ▶ *Yaotriton wenxianensis*
英文名 ▶ Wenxian Knobby Newt
物种分类 ▶ 两栖纲—有尾目—蝾螈科—瑶螈属
中国保护等级 ▶ 国家二级
IUCN 红色名录 ▶ 易危（VU）

长江流域分布

甘肃（文县）、四川（青川、旺苍、剑阁、平武）、重庆（云阳、万州、奉节）、贵州（大方、绥阳、遵义、雷山）等地区

镇海棘螈 | Chinhai Spiny Newt

　　雄螈全长 109～139 毫米，雌螈 124～151 毫米。除口部、耳部、尾腹部呈橘红色外，通体均为棕黑色。镇海棘螈是我国特有物种，也是浙江两栖纲中唯一的特有物种。最早生活的年代距今已有 1500 万年，是现存最古老的两栖动物之一。最早是由张孟闻于 1932 年在镇海县城湾村发现，命名为镇海疣螈，唯一的模式标本因日军侵华而遗失。1978 年，蔡春抹在镇海县瑞岩寺（现属北仑区）附近再次发现。次年，专家们又采到标本，并将其定名为镇海棘螈。中国女排参加 2005—2008 年国际赛事期间，中国队的主场在宁波市，吉祥物"圆圆"的原型便是镇海棘螈。

基本资料

别名 ▶ 原镇海疣螈
拉丁学名 ▶ *Echinotriton chinhaiensis*
英文名 ▶ Chinhai spiny newt
物种分类 ▶ 两栖纲—有尾目—蝾螈科—棘螈属
中国保护等级 ▶ 国家一级
IUCN 红色名录 ▶ 极危（CR）

背和体侧均呈黑色，有蜡光

身体扁而宽

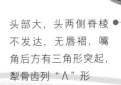

中国女排北仑主场吉祥物"圆圆"

头部大，头两侧脊棱不发达，无唇褶，嘴角后方有三角形突起，犁骨齿列"∧"形

四肢细长，前指 4 个，后趾 5 个

生境习性

　　生活于海拔 100～200 米的丘陵地区，常年在溪流边栖息。所在环境植被茂密，永久性水塘较多，附近有石穴和土洞。白天很少活动，晚上出来觅食。主要以蚯蚓、蜗牛、小型螺类、蜈蚣等

为食。每年 11 月下旬至第二年 4 月为冬眠期。螈受惊后常将四肢上翻、头尾上翘做出警戒，肋骨可以刺出瘰粒。4 月产卵，小棘螈必须在生活 58～88 天，刚出生的小棘螈用鳃呼吸

物种现状

　　1989 年，被列为国家二级重点保护野生动物；1996年，宁波市在瑞岩林场区域建立镇海棘螈保护区；2001年，在宁波北仑林场建立繁殖生境保护区，新建繁殖生境和水塘 2 个，实施了限制使用农药以及保护卵群，提高孵化幼体的下水率等具体保护措施。此外，专家们还在成都建立了室外人工繁殖场，在人工饲养条件下已获得繁殖成功。已将人工繁殖和饲养的幼螈 800 尾左右标志后放回大自然，有效地增加了种群数量。2021 年被调整为国家一级重点保护野生动物。

长江流域
分布

浙江宁波

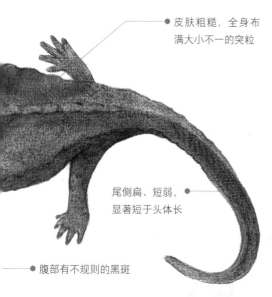

皮肤粗糙，全身布满大小不一的突粒

尾侧扁、短弱，显著短于头体长

腹部有不规则的黑斑

腐烂植物和小型水生动物。长至四肢脚趾鳍鳃蜕变，皮肤粗糙后上岸，改用肺呼吸，水。

人工繁育镇海棘螈

尾斑瘰螈 | Spot-Tailed Warty Newt

尾斑瘰螈体型肥壮，全长约 14 厘米，雌性稍大。吞食的有害动物种类为有益动物种类的 2.3 倍，对农林业有益。

基本资料

拉丁学名 ▸ *Paramesotriton caudopunctatus*
英文名 ▸ Spot-tailed Warty Newt
物种分类 ▸ 两栖纲—有尾目—蝾螈科—瘰螈属
中国保护等级 ▸ 国家二级
IUCN 红色名录 ▸ 近危（NT）

长江流域分布

重庆、贵州、湖南

头部略扁平，前窄后宽，呈梯形，长大于宽

眼中等大小

体色多变，以橄榄绿色或土黄为主，背脊橘红色，雄性尾部侧具镶黑边的紫红色斑纹，雌尾部无斑纹

鼻孔位于吻两侧端

尾基部圆向后逐渐
尾背腹鳍
薄而几乎
尾末端钝

吻较长，吻端平切，突出于下唇，吻棱明显，颊部向外倾斜

皮肤粗糙，全身布满瘰粒，背部隆起

口角位于眼后下方，上唇褶甚明显；上、下颌有细齿，犁骨齿列呈"Λ"形；舌小，长圆形，两侧游离，前后端粘连于口腔底部

四肢适中，前指 4 个，后趾 5 个。掌突、跖突均不明显

生境习性

生活在海拔 800～1800 米的回水凼、小流溪及大河边，有时亦见于溪边静水域内。成体多分散匍匐于不同深度的水下较光滑之石滩上或水边腐枝烂叶下。生活的尾斑瘰疣受到刺激时，皮肤即分泌出乳白色黏液，散发出似浓硫酸的气味。主要以昆虫及其幼虫为食。

中国瘰螈 | Chinese Warty Newt

中国瘰螈雄螈全长 126～141 毫米，雌螈全长 133～151 毫米，尾长分别为头体长的 85％ 和 97％ 左右。是农业益虫，也是研究动物胚胎发育和两栖类进化的良好实验材料。

基本资料

拉丁学名 ▶ *Paramesotriton chinensis*
英文名 ▶ Chinese Warty Newt
物种分类 ▶ 两栖纲—有尾目—蝾螈科—瘰螈属
中国保护等级 ▶ 国家二级
IUCN 红色名录 ▶ 无危（LC）

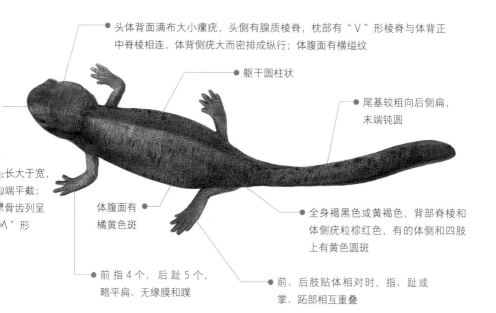

头体背面满布大小瘰疣，头侧有腺质棱脊，枕部有"Ｖ"形棱脊与体背正中脊棱相连，体背侧疣大而密排成纵行；体腹面有横缢纹

躯干圆柱状

尾基较粗向后侧扁，末端钝圆

长大于宽，端平截；骨齿列呈"∧"形

体腹面有橘黄色斑

全身褐黑色或黄褐色，背部脊棱和体侧疣粒棕红色，有的体侧和四肢上有黄色圆斑

前指 4 个，后趾 5 个，略平扁、无缘膜和蹼

前、后肢贴体相对时，指、趾或掌、跖部相互重叠

生境习性

多生活在 200～1200 米丘陵低山的流溪中，一般水面宽阔，水底多有小石子和泥沙。成螈白天常隐伏于水底石块间、枯枝烂叶下，有的在水下爬行，时而游向水面呼吸空气或到岸边觅食；阴雨天气常上岸在草丛中或腐叶层下活动。冬眠期成螈多潜伏在深水潭底。主要捕食昆虫及幼虫。具有变温动物的明显特征，其体温、活动和呼吸随环境温度变化而变化。4—6 月为繁殖期。

长江流域分布

重庆、湖南、安徽、浙江、江西等地

富钟瘰螈 | Fuzhong Warty Newt

　　富钟瘰螈体型肥壮，成螈全长 130 ～ 160
毫米。生活于海拔 400 ～ 500 米的阔叶林山区
流溪内。成螈多栖于水流平缓处，常见于溪
底石块下，有时在岸上活动。目前仅发现该
种有 3 个分布点，所见种群数量较少。

基本资料

拉丁学名 ▶ *Paramesotriton fuzhongensis*

英文名 ▶ Fuzhong Warty Newt

物种分类 ▶ 两栖纲—有尾目—蝾螈科—瘰螈属

中国保护等级 ▶ 国家二级

IUCN 红色名录 ▶ 易危（VU）

长江流域
分布

湖南

尾基部粗壮，向后渐侧扁而薄；尾
部黑褐色或褐色，末段中部色浅；
尾腹缘为橘红色；体两侧和尾上有
横缢纹

头部平扁，头长大于头宽；吻
长明显大于眼径，吻端略突出
于下颌；鼻孔位于吻端外侧

前、后肢长，前指 4 个，后
趾 5 个，无蹼，末端钝圆

头侧有腺质棱脊，
有前颌凸，犁骨
齿列呈 "∧" 形；
口裂大，口后角
超过眼后角，唇
褶甚发达

背面皮肤粗糙，满布密集瘰
疣，背部中央脊棱很明显；
体背面两侧疣粒大，排列成
纵行且延至尾的前半部；咽
喉部有颗粒疣，体腹面光滑

躯干浑圆而粗壮

体背面橄榄褐色或褐色
体侧黑褐色，腹面黑色
不规则橘红色小斑点，
喉部橘红色斑较密集

龙里瘰螈 | Longli Warty Newt

雄螈全长 102 ~ 131 毫米，雌螈全长 105 ~ 140 毫米，尾长分别为头体长的 70% 和 80% 左右。分布区很狭窄，种群数量甚少。该物种记录分布于贵州、重庆和湖北的喀斯特地区。2019 年 9 月在云南省文山壮族苗族自治州麻栗坡县下金厂乡附近发现新记录。

基本资料

拉丁学名 ▶ *Paramesotriton longliensis*
英文名 ▶ Longli Warty Newt
物种分类 ▶ 两栖纲—有尾目—蝾螈科—瘰螈属
中国保护等级 ▶ 国家二级
IUCN 红色名录 ▶ 易危（VU）

长江流域分布

贵州、重庆、湖北、云南

—● 尾基部圆柱状，向后逐渐侧扁，尾鳍褶较薄而平直，尾末端钝尖

体表满布疣粒，两侧疣粒较大而密，腹面疣较少

前、后肢贴体相对时，指趾彼此重叠；前指 4 个，后趾 5 个，末端有黑色角质层

躯干圆柱状，背脊棱隆起高

头长明显大于头宽

吻端平截，突出于下唇；唇褶甚明显；犁骨齿列呈"∧"形

成体头部后端两侧各有一个大的突起

体尾淡黑褐色，体背两侧疣呈黄色纵带纹或无；头体腹面有不规则橘红色；尾下橘红色在尾后部逐渐消失

▶ 境习性

生活在海拔 1100 ~ 1200 米水流平缓的大水塘有地下水流出的水塘中。水质清澈，水底多为石、泥沙和水草。白天常隐伏在溪底石下、腐叶堆溪边草丛中，很少活动。常在夜间外出活动觅食，觅食时常静伏于水底，当水生昆虫及其他小动物经过嘴边时，即迅速张口将其咬住并慢慢吞下。主食蚯蚓、蝌蚪、虾、小鱼和螺类等动物。繁殖期在每年的 4 月中旬和 6 月中旬，产卵量 200 枚左右。

茂兰瘰螈 | Maolan Warty Newt

体型大，雄螈全长 177.4 ～ 192.0 毫米，雌螈全长 197.4 ～ 207.8 毫米。栖息于海拔 430 ～ 1078.6 米中亚热带季风湿润气候地区，植被茂密、环境潮湿的山区洞穴中。茂兰瘰螈区别于已知的瘰螈属所有物种，生活于洞穴水中，眼球的水晶体退化，是一种在洞穴中生活的盲螈。以鞘翅目的成虫、鳞翅目的幼虫等多种昆虫以及螺蛳等小型动物为食。4 月产卵于溪流内。偶发出"哇、哇"叫声。

基本资料

拉丁学名 ▶ *Paramesotriton maolanensis*
英文名 ▶ Maolan Warty Newt
物种分类 ▶ 两栖纲—有尾目—蝾螈科—
中国保护等级 ▶ 国家二级
IUCN 红色名录 ▶ 数据缺乏（DD）

长江流域分布

贵州荔波县

头长明显大于头宽；眼球水晶体退化，不能看到东西

无肋沟；背脊棱明显

生活时身体呈黑褐色；背嵴棱为不连续的黄色纵纹；喉部腹面和体腹色较背部浅，并缀以不规则大型的橘红色斑块和黄色小型斑块

前后肢贴体相对时互达掌、跗部；指、趾端具角质膜，无缘膜和蹼；掌、跗部为灰白色

吻短，吻端平截，吻棱明显，唇褶发达；犁骨齿呈"Λ"形

前肢贴体前伸时，指端达到吻端

七溪岭瘰螈 | Qixiling Warty Newt

　　雄螈全长 139.86 ～ 140.76 毫米；雌螈全长 138.90 ～ 155.10 毫米。成螈生活于深山较为宽阔、平缓的小溪中，溪水清澈见底，山区覆盖阔叶林，小溪边多为灌木林。小溪约 3 ～ 5 米宽，溪底覆盖小沙粒或小石粒。溪中鱼、虾、螺类等无脊椎动物较为丰富。成螈白天可见于溪底。繁殖季节可能为 7—9 月。

基本资料

拉丁学名 ▶ *Paramesotriton qixilingensis*
英文名 ▶ Qixiling Warty Newt
物种分类 ▶ 两栖纲—有尾目—蝾螈科—瘰螈属
中国保护等级 ▶ 国家二级
IUCN 红色名录 ▶ 易危（VU）

长江流域分布

江西省吉安市
永新县

尾基较粗向后侧扁，末端钝圆

躯干圆柱状

头侧无腺质棱脊，枕部有 " V " 形棱脊，与隆起的细背脊棱相连

前指 4 个，后趾 5 个，略平扁，均无缘膜，指趾间无蹼

前、后肢贴体相对时，指、趾掌部可叠

体背面及体侧皮肤、尾前 1/3 部、前肢背面明显粗糙，散布大小瘰疣

织金瘰螈 | Zhijin Warty Newt

雄螈全长 112.7 毫米，雌螈全长 116.8 毫米。生活在海拔 1300 ～ 1400 米水流较平缓的山溪里或有地下水流出的水塘中，水质清澈，水底多为石块、泥沙和水草。2012 年，经野外动物资源调查，初步估测织金瘰螈现存资源量在 500 尾以内，资源量极少。

基本资料

拉丁学名 ▶ *Paramesotriton zhijinensis*

英文名 ▶ Zhijin Warty Newt

物种分类 ▶ 两栖纲—有尾目—蝾螈科—瘰螈属

中国保护等级 ▶ 国家二级

IUCN 红色名录 ▶ 濒危（EN）

长江流域分布

贵州织金双堰塘

皮肤较粗糙，生活时头、体面为浅黑褐色或土黄色，体部中央棱嵴两侧各有 1 条明的土黄色纵纹，咽喉部腹面身体腹面黑色，并缀以不规的橘红色或橘黄色的点状斑条形斑或线条斑

吻长大于眼径，吻端平切，吻棱明显；鼻孔位于吻两侧前端；口裂不达眼眶后缘，上唇褶很发达而明显；上、下颌具细齿，犁骨齿列呈"Λ"形；舌呈椭圆形

头部略扁平，前窄后宽，头部后端两侧各有 3 条退化的鳃迹

尾基部圆柱状向后逐渐侧扁尾末端钝圆

前指 4 个，后趾 5 个，指、趾略扁，基部无蹼，无内、外掌、跖突

前后肢基部均有橘红色圆形斑点，肛后尾的臀鳍褶橘红色，约在 3/4 处其橘红色消失

生境习性

成螈白天常隐伏在溪底石下、腐叶堆或溪边草丛中，很少活动。夜间外出活动和觅食，捕食能力不强，食物来源较窄，主要捕食蚯蚓、虾类和螺类。繁殖期在每年的 4 月中旬至 6 月中旬，孵化、变态前后发育只能在水中完成。爬行和泳能力较弱，在水中游动时四肢贴体，以尾部动而缓慢前进或浮到水面呼吸空气。

武陵瘰螈 | Wuling Warty Newt

　　雄螈全长 124～139 毫米，雌螈全长 113～137 毫米。生活在海拔 800～1200 米的低山阔叶林小型流溪，喜爱水流平缓的回水塘或溪边净水域。白天常隐伏在溪底，有时摆动尾部游泳至水面呼吸空气。在夜间活动觅食。

基本资料

拉丁学名 ▶ *Paramesotriton wulingensis*
英文名 ▶ Wuling Warty Newt
物种分类 ▶ 两栖纲—有尾目—蝾螈科—瘰螈属
中国保护等级 ▶ 国家二级
IUCN 红色名录 ▶ 无危（LC）

长江流域分布

重庆（酉阳）、贵州（江口、梵净山）

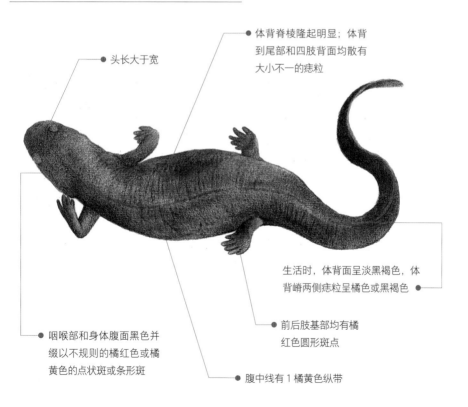

头长大于宽

体背脊棱隆起明显；体背到尾部和四肢背面均散有大小不一的痣粒

生活时，体背面呈淡黑褐色，体背嵴两侧痣粒呈橘色或黑褐色

前后肢基部均有橘红色圆形斑点

咽喉部和身体腹面黑色并缀以不规则的橘红色或橘黄色的点状斑或条形斑

腹中线有 1 橘黄色纵带

虎纹蛙 | Tiger Frog

虎纹蛙个头壮实，雌性比雄性大，雄蛙体长 66 ~ 98 毫米，雌蛙体长 87 ~ 121 毫米。体重 250 克左右。虎纹蛙个体较大，经济价值高。目前，我国已基本解决了虎纹蛙的人工养殖、人工繁殖与育苗等一系列关键技术。近几年我国虎纹蛙养殖业在南方部分地区得到了较快发展，尤其是生态种养取得了良好的经济、生态和社会效益。

虎纹蛙和其他蛙类一样，都以农业害虫为主食，是两栖动物指示物种。

长江流域分布

长江流域各省均有分布

头部中等大小，头扁呈三角形，鼻孔位于头前中央线两侧，与口腔相通，吻稍为突出

背部呈绿色或橄色，有深色斑点，肤较粗糙，其头部体侧乃至腹部都有规则的斑纹；有时脊骨有一直线

眼位于头部最高处，呈椭圆形

手指短，第一指比第二指长

脚趾中等长度，趾间全蹼

生境习性

栖息于海拔 900 米以下稻田、沟渠、池塘、水库、沼泽地等有水的地方，其栖息地随觅食、繁殖、越冬等不同生活时期而改变。肉食性动物，以捕食蝗虫、蝶蛾、蜻蜓、甲虫等昆虫为主，捕食时间主要在晚上，跳跃能力很强。虎纹蛙蝌蚪以水中的原生动物、藻类及有机碎屑等天然饵料为食。繁殖期为 5—9 月，其生殖、发育和变态都在水中进行，虎纹蛙为多次产卵类型，卵多产于永久性的池塘或水坑内。

基本资料

其他名称 ▶ 中国牛蛙
拉丁学名 ▶ *Hoplobatrachus chinensis*
英文名 ▶ Tiger Frog
物种分类 ▶ 两栖纲—无尾目—叉舌蛙科—虎纹
中国保护等级 ▶ 国家二级（仅限野外种群）
IUCN 红色名录 ▶ 无危（LC）

叶氏肛刺蛙 | Ye's Spiny-Vented Frog

　　雄蛙体长 50 ~ 64 毫米，雌蛙体长 69 ~ 83 毫米。生活于海拔 320 ~ 560 米林木繁茂的山区。成蛙栖息于水流较急的流溪内及其附近，白天多隐居于石缝内或大石块下，夜晚上岸觅食，食物以昆虫为主；繁殖季节 5—8 月，卵群产于石下；10 月下旬在溪内岩洞内冬眠，蛰眠期约 6 个月。蝌蚪多栖息于水凼内石下。

基本资料

其他名称 ▶	叶氏隆肛蛙
拉丁学名 ▶	*Yerana yei*
英文名 ▶	Ye's Spiny-Vented Frog
物种分类 ▶	两栖纲—无尾目—叉舌蛙科—肛刺蛙属
中国保护等级 ▶	国家二级
IUCN 红色名录 ▶	易危（VU）

长江流域
分布

安徽（霍山、潜山、金寨、
岳西）

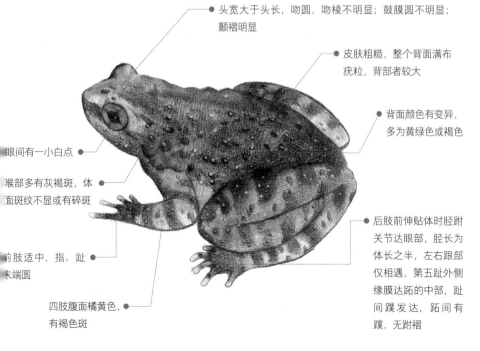

头宽大于头长，吻圆，吻棱不明显；鼓膜圆不明显；颞褶明显

皮肤粗糙，整个背面满布疣粒，背部者较大

背面颜色有变异，多为黄绿色或褐色

眼间有一小白点

喉部多有灰褐斑，体面斑纹不显或有碎斑

前肢适中，指、趾末端圆

四肢腹面橘黄色，有褐色斑

后肢前伸贴体时胫跗关节达眼部，胫长为体长之半，左右跟部仅相遇，第五趾外侧缘膜达跖的中部，趾间蹼发达，跖间有蹼，无跗褶

务川臭蛙 | Wuchuan Odorous Frog

雄蛙体长 71～76.5 毫米，雌蛙体长 75.8～90 毫米。生活于海拔 700 米左右的山区溶洞内。务川臭蛙平时并不臭，受到威胁时，它皮肤上的腺体瞬间会分泌出难闻的黏液，刺激敌人离开。

1978 年，我国科学家在务川采集到这个物种，1983 年发表并命名为"务川臭蛙"。截至目前，已知的务川臭蛙记录地点共有 5 处，分别是模式产地贵州省务川县柏村镇的 2 个溶洞、正南镇的 2 个溶洞、茅天镇的 2 个溶洞，贵州省沿河土家族自治县麻阳河自然保护区以及湖北省建始县茶园沟村向虎洞。务川臭蛙是我国最濒危的 8 种两栖类生物之一，数量极其稀少，正处于灭绝的边缘。

基本资料

别名▶蛤蚂
拉丁学名▶*Odorrana wuchuanensis*
英文名▶Wuchuan Odorous Frog，Wuchuan Frog
物种分类▶两栖纲—无尾目—蛙科—臭蛙属
中国保护等级▶国家二级
IUCN 红色名录▶极危（CR）

长江流域分布

贵州务川县、沿河土家族自治县以及湖北建始县

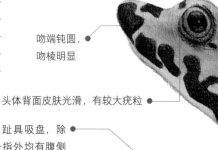

头顶扁平，头长大于头宽，头背皮肤光滑，颞褶明显

吻端钝圆，吻棱明显

头体背面皮肤光滑，有较大疣粒

指、趾具吸盘，除第一指外均有腹侧沟；无蹼褶，趾间蹼缺刻深达第四趾第二关节下瘤

腹面满布深灰色和黄色相间的网状斑块◂

生境习性

生活于海拔 700 米左右的山区溶洞内。洞内基本无光，有阴河流出，水流缓慢，水深最大可达 1～2 米。该蛙受惊扰后即跳入水中，并游到深水石下。繁殖季节为 5—8 月，6—8 月可见蝌蚪。食物单一，其繁殖及对水环境要求特所以适应生存空间很窄。

1979 年 7 月 6 日，尹继和、沈大镜在海拔 720 米的贵州省务川县柏村大水库溶洞采集到雄蛙 10 只、雌蛙 5 只、雌性次成体 2 只及各期蝌蚪，对其特征进行了详细描述，鉴定为新种。

—●鼓膜约为眼径的 4/5，两眼之间有小白点

●后背部、体侧及股、胫部背面有扁平疣粒；腹面皮肤光滑。背面绿色，疣粒周围有黑斑

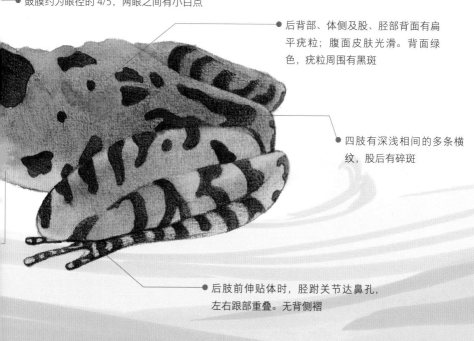

●四肢有深浅相间的多条横纹，股后有碎斑

●后肢前伸贴体时，胫跗关节达鼻孔，左右跟部重叠。无背侧褶

中华鲟 | Chinese Sturgeon

　　中华鲟是典型的溯河洄游性鱼类，每年 7—8 月，生活在长江口外浅海海域性成熟的中华鲟经长江口溯江而上，历经 3000 多千米的溯流博击，回到金沙江一带产卵繁殖。产后待幼鱼长大到 15 厘米左右，又携带它们旅居外海。在溯河洄游繁殖及游向大海将近 2 年的时间里，中华鲟粒食不进，全靠消耗自身的营养储备。它们如此往复，亿万年来从不间断，世世代代在江河上游出生，在大海里生长。1963 年，我国著名鱼类学专家伍献文教授深情命其名为"中华鲟"。

　　中华鲟形态威猛，体型硕大，身体呈纺锤形，常见体长 40 ~ 130 厘米，最大个体体长 5 米，体重可达 600 千克。中华鲟是地球上最古老的脊椎动物，是鱼类的共同祖先——古棘鱼的后裔，距今有 1.4 亿年的历史。中华鲟在分类上占有极其重要地位，是研究鱼类演化的重要参照物，被称为水生物中的"活化石"。

体被覆五行纵行排列骨板，背面一行，体侧和腹侧各两行，每行有棘状突起

长江流域分布

长江干流金沙江以下至入海河口

头大呈长三角形，头尖吻长

口前有 4 条吻须，口位在腹面，有伸缩性，能伸成筒状

保护现状

　　我国先后通过物种及其关键栖息地立法保护、长期大规模人工增殖放流、人工群体保育以及大量科学研究等，开展专门针对中华鲟的保护工作，并取得了一定成效。1983 年，我国全面禁止中华鲟的商业捕捞利用；1989 年，中华鲟被列入国家一级重点保护野生动物名录；1996 年，设立"江湖北宜昌中华鲟省级自然保护区"；2002 年立"上海市长江口中华鲟自然保护区"。此外工增殖放流活动持续开展 30 余年，放流数量达 600 万尾以上，对补充中华鲟自然资源起

基本资料

别名 ▶ 鲟鱼、鳇鲟、鳇鱼、腊子

拉丁学名 ▶ *Acipenser sinensis*

英文名 ▶ Chinese Sturgeon

物种分类 ▶ 硬骨鱼纲—鲟形目—鲟科—鲟属

中国保护等级 ▶ 国家一级

IUCN 红色名录 ▶ 极危（CR）

野生中华鲟"厚福"

　　在北京海洋馆里，有世界上唯一一尾在人工环境中生存的野生中华鲟。2014 年，它被科研人员成功救治，取名"后福"，寓意"大难不死，必有后福"。2015 年 11 月 16 日，"后福"被送至北京海洋馆继续调养身体机能，直至康复。海洋馆的工作人员为"后福"改了一个全新的名字——"厚福"，取"厚德载福"之意，也代表"厚福"作为目前我国人工驯养条件下仅存的野生中华鲟，在人类的细心关爱中，能够更好更健康地成长。如今，"厚福"已成为北京海洋馆的"镇馆之宝"。

头部和身体背部青灰色或灰褐色

各鳍灰色

腹部灰白色

用。

　　2009 年起，中华鲟研究所和长江水产研究所取得了中华鲟全人工繁殖技术的突破，实现水人工环境下中华鲟种群的自我维持，为人工种群的扩增和自然种群的保护奠定了物质基础。自 20 世纪 70 年代以来，通过近 50 年的研究，比较清楚地掌握了中华鲟的洄游特性和生活史过程，在繁殖群体时空动态及自然繁殖活动监测、产卵场环境需求、人工繁殖和苗种培育、营养与病害防治等方面均具有比较深入的研究。

长江鲟 | Yangtze River Sturgeon

体长梭形，前部略粗壮，向后渐细。横断面呈五角形，成熟个体体长可达 1.5 米，体重可达 20 千克。长江鲟是长江鱼类资源保护的旗舰物种之一，在研究地球气候变化、鱼类演化、维护长江水生生物多样性等方面具有重要的科学价值。

基本资料

别名 ▶ 达氏鲟、鲟鱼、沙腊子
拉丁学名 ▶ *Acipenser dabryanus*
英文名 ▶ Yangtze River Sturgeon
物种分类 ▶ 硬骨鱼纲—鲟形目—鲟科—鲟属
中国保护等级 ▶ 国家一级
IUCN 红色名录 ▶ 野外灭绝（EW）

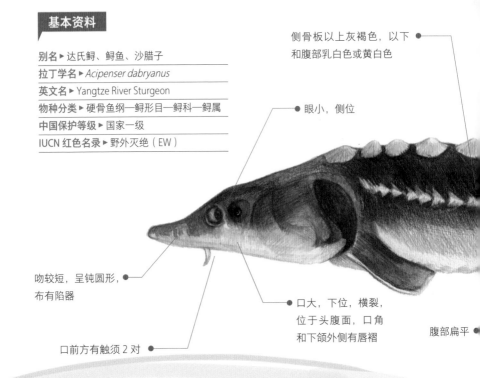

侧骨板以上灰褐色，以下和腹部乳白色或黄白色

眼小，侧位

吻较短，呈钝圆形，布有陷器

口大，下位，横裂，位于头腹面，口角和下颌外侧有唇褶

腹部扁平

口前方有触须 2 对

生境习性

属淡水定居性鱼类，主要栖息在江水较浅、流速较缓、泥沙底质的宽阔湾沱，为广温性鱼类，在 16～32℃均可摄食生长。属杂食性鱼类，幼鱼以水生寡毛类、水生昆虫幼虫、枝角类、桡足类等为食，成鱼以底栖无脊椎动物为主，也摄食水生植物、碎屑、藻类、小鱼等。最长寿命可达 30 龄以上。

属短距离洄游性鱼类，在每年 6—8 月节，幼鱼进入长江上游各大支流索饵洄游，月回到深水处越冬。雄性最小 4 龄可达性成性最小 6 龄可达性成熟。产黏性卵，无较集型产卵场和明显的盛产期。产卵期一般停产

保护现状

　　围绕长江鲟的保护，有关部门和单位在自然保护区建设、资源收集与保存、人工群体扩增、全人工繁殖、仿生态繁殖和增殖放流等方面已开展了一系列工作。目前，长江鲟的人工繁殖技术已获突破，子一代、子二代和子三代先后成功繁育，种群延续大有希望。2023 年 4 月 16 日，专家现场鉴定认为：天然水域繁殖试验首次成功，证明了人工培育的长江鲟亲本具备自然繁殖的能力，跨出恢复野外种群关键一步，是推动长江鲟恢复野外种群的一次进步。

长江流域
分布

金沙江下游和长江中上游干流及其各大支流中

● 躯干部具 5 行骨板，其中背骨板 1 行、侧骨板 2 行、腹骨板 2 行。背骨板呈菱形，具棱和刺，是 5 行骨板中最大的。各行骨板间的表皮及头部背面遍布颗粒状的小突起，触摸粗糙，在幼小的个体上更为明显

● 背鳍后位，与臀鳍上下相对

尾鳍歪形，上叶大于下叶 ●

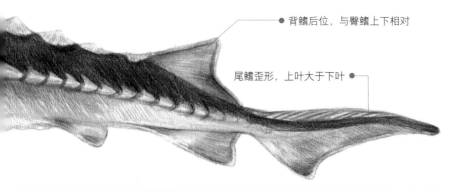

中华鲟、长江鲟、白鲟主要特征对比			
	中华鲟	长江鲟	白鲟
体型大小	体型中等，最大体长可达 5 米	体型最小，最大体长 1.5 米	体型最大，最大体长可达 7.5 米。体呈梭形，头极长，头长超过体长的一半
吻	吻圆钝平直，吻须 2 对，吻须短	吻短，吻须 2 对	吻长似利剑，吻须短，1 对
骨板	5 行骨板，每行有棘状突起。颜色相对较深	5 行骨板，浅黄色	只在尾鳍有几枚骨板
皮肤	幼体皮肤光滑，成体皮肤粗糙	幼体皮肤粗糙，成体皮肤光滑程度不同	通体无鳞
鳃耙	稀疏（14～28），呈短柱状	排列紧密（33～54），呈三角形	上下颌有细齿

白鲟 | Chinese Paddlefish

最大体长可达 7.5 米，体重 200～300 千克，是中国最大的淡水鱼类之一，性成熟年龄在 7～8 岁。

由于资源量小，难以在同一时间、同一地点捕获性腺发育成熟的雌雄亲鱼，加上白鲟性情暴躁，无法人工驯养，白鲟的人工繁殖至今未能成功。我国已建立了长江合江—雷波段国家级珍稀鱼类自然保护区，同时积极建立珍稀和特有鱼类人工驯养场及人工繁殖放流站，努力拯救白鲟。2019 年 12 月 23 日，国际学术期刊《整体环境科学》在线发表的一篇研究论文，推测白鲟在 2005—2010 年已经灭绝。2022 年 7 月 21 日，《世界自然保护联盟濒危物种红色名录》，宣布白鲟灭绝。

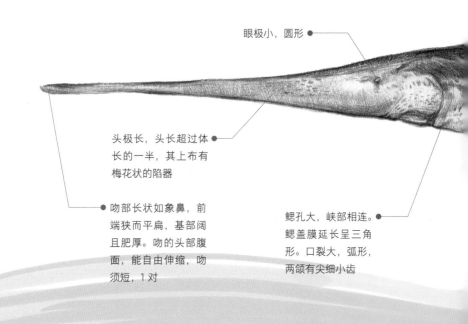

眼极小，圆形

头极长，头长超过体长的一半，其上布有梅花状的陷器

吻部长状如象鼻，前端狭而平扁，基部阔且肥厚。吻的头部腹面，能自由伸缩，吻须短，1 对

鳃孔大，峡部相连。鳃盖膜延长呈三角形。口裂大，弧形，两颌有尖细小齿

生境习性

白鲟是大型凶猛性鱼类，成鱼和幼鱼均以鱼类为主食，亦食少量的虾、蟹等动物。是典型的半溯河洄游性鱼类，每年 3 月至 4 月自下游溯流而上，前往千里之外的上游金沙江产卵场善于游泳，为大型凶猛性鱼类，成鱼和幼鱼类为主食，亦食少量的虾、蟹等动物。

基本资料

别名 ▶ 中华匙吻鲟、中国剑鱼、象鱼

拉丁学名 ▶ *Psephurus gladius*

英文名 ▶ Chinese Paddlefish

物种分类 ▶ 硬骨鱼纲—鲟形目—白鲟科—白鲟属

中国保护等级 ▶ 国家一级

IUCN 红色名录 ▶ 灭绝（EX）

长江流域
分布

长江干流及部分支流和河口，
包括沱江、岷江、嘉陵江、
洞庭湖、鄱阳湖等

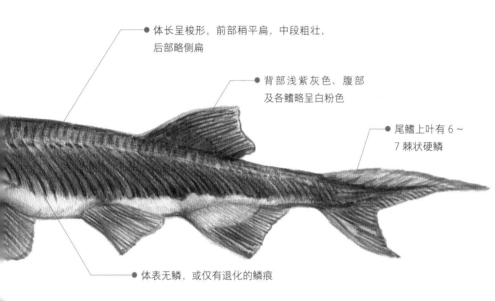

● 体长呈梭形，前部稍平扁，中段粗壮，
后部略侧扁

● 背部浅紫灰色、腹部
及各鳍略呈白粉色

● 尾鳍上叶有 6 ～
7 棘状硬鳞

● 体表无鳞，或仅有退化的鳞痕

《鲟》邮票

　　1994 年 3 月 18 日发行的《鲟》
邮票一套四枚，分别为白鲟、达氏鲟
（长江鲟）、中华鲟、鳇。它们分别属
于硬骨鱼纲鲟形目的白鲟科和鲟科，
均为国家重点保护的珍稀动物，为长
江、黑龙江、珠江等流域经济价值极
高的特产鱼。

花鳗鲡 | Marbled Eel

鳗鲡也就是人们常说的鳗鱼，花鳗鲡则是鳗鱼的一种，其体背侧及鱼鳍处布满了棕褐色的斑点，因此而得名。其外形修长，身体似圆筒状，周身无鳞片，是典型的降河洄游肉食性鱼类。常见个体体长 70 ～ 80 厘米，最大个体达 2.3 米以上，重 40 ～ 50 千克。

长江流域分布

长江下游

物种现状

由于工业有毒污水对河流的严重污染和捕捞过度，以及毒、电鱼法对鱼资源的毁灭性破坏，拦河建坝修水库及水电站等阻断了花鳗鲡的正常洄游通道等原因，致使花鳗鲡的资源量急剧下降，已难见其踪迹。

基本资料

其他名称 ▶ 大鳗、花鳗、雪鳗、鳝王、芦鳗、过山龙
拉丁学名 ▶ *Anguilla marmorata*
英文名 ▶ Marbled Eel
物种分类 ▶ 硬骨鱼纲—鳗鲡目—鳗鲡科—鳗鲡属
中国保护等级 ▶ 国家二级
IUCN 红色名录 ▶ 无危（LC）

背鳍起点在鳃孔后上方，胸鳍短，后缘圆形，胸鳍边缘黄色，各鳍具蓝绿色斑块

体披细鳞，埋于皮下，各鳞互相垂直交叉，呈席纹状

眼小，椭圆形，上侧位，覆有透明皮膜

头部背缘弧形

侧线完全，侧线孔明显

吻部稍平扁

体背侧密布黄绿色斑块和斑点，腹部乳白色

下颌稍突出，中央无齿

臀鳍起点与背起点的垂直线距大于头长，鳍在肛门后方

尾鳍末端稍尖

尾部稍侧扁

鲥 | Chinese Shad

鲥鱼体型大，体长 30 ~ 50 厘米，最大体长 57 厘米，体重 5 千克。鳞下多脂，细嫩鲜美，丰腴肥硕，营养丰富，因此有"鱼中之王"之美誉，与太湖银鱼、黄河鲤鱼、松江鲈鱼并称为中国历史上的"四大名鱼"。中国古代有名的"特快专递"，一是唐明皇李隆基为博杨贵妃千金一笑从岭南飞驰传送的荔枝；二就是明清时扬州地区向北京进贡的江南鲥鱼，并且鲥鱼的进贡，延续了整整 200 多年。

长江流域
分布

长江口、湘江及宜昌以下的
长江干流等水域

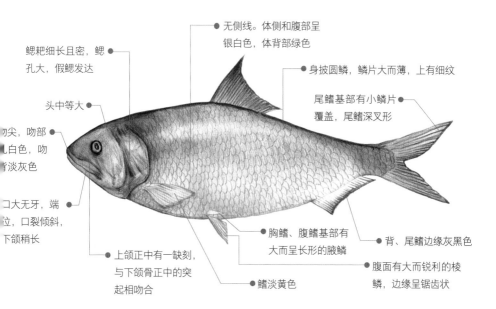

鳃耙细长且密，鳃孔大，假鳃发达

头中等大

吻尖，吻部乳白色，吻背淡灰色

口大无牙，端位，口裂倾斜，下颌稍长

无侧线。体侧和腹部呈银白色，体背部绿色

身披圆鳞，鳞片大而薄，上有细纹

尾鳍基部有小鳞片覆盖，尾鳍深叉形

上颌正中有一缺刻，与下颌骨正中的突起相吻合

鳍淡黄色

胸鳍、腹鳍基部有大而呈长形的腋鳞

背、尾鳍边缘灰黑色

腹面有大而锐利的棱鳞，边缘呈锯齿状

物种现状

为了保护鲥鱼的资源，我国相继开展了鲥鱼人工授精、卵孵化及仔鱼培育的研究，但鲥鱼资源濒临枯竭的现状仍无明显改变。1994 年后，野生鲥鱼绝迹江河。目前，长江鲥鱼已多年未见。

基本资料

其他名称 ▶	鲥鱼、时鱼、三来鱼、三黎鱼
拉丁学名 ▶	*Tenualosa reevesii*
英文名 ▶	Chinese Shad
物种分类 ▶	硬骨鱼纲—鲱形目—鲱科—鲥属
中国保护等级 ▶	国家一级
IUCN 红色名录 ▶	数据缺乏（DD）

胭脂鱼 | Chinese Sucker

体形侧扁，体型大，最大体长可达 1 米，体重 40 千克。胭脂鱼最早的祖先叫作原始骨鳔鱼，在侏罗纪的晚期出现在南美洲。到了中新世，一部分胭脂鱼在长江以及闽江生活下来；另一部分在大约 5000 万年前到了北美洲。因此可以说，胭脂鱼的祖先早在数百万年前就已经在长江中生活了。

保护现状

现已建立胭脂鱼全人工繁殖技术体系，获得子二代鱼苗。胭脂鱼增殖放流活动每年都在各相关流域开展。监测记录显示，目前在长江中的胭脂鱼种群规模仍然比较稳定。

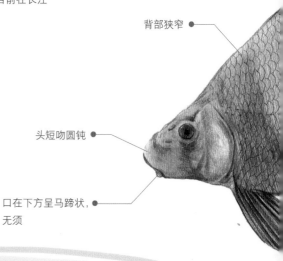

背鳍无硬刺，基部延长至臀鳍基部后上方

背部狭窄

头短吻圆钝

口在下方呈马蹄状，无须

生境习性

胭脂鱼的幼鱼和成鱼在形态与生活习性方面大不相同。鱼苗和幼鱼阶段常喜群集于水流较缓的砾石之间生活，多在水体上层活动，游动缓慢；半长成的鱼则栖息在湖泊和江的中下游，水体中下层，活动迟缓；成鱼多生活于江河上游，水体中下层，行动矫健。属洄游性鱼类，每年 2 月中旬，性近成熟的亲鱼上溯到上游，于 3—5 月在急流繁殖，直到秋后退水时期，回归到干流深水处。主要以底栖无脊椎动物和水底泥渣中的有机物为食，也吃一些高等植物碎片和藻类。

基本资料

别名 ▶ 粉排、黄排、一帆风顺、火烧鳊、红鱼、血排
拉丁学名 ▶ *Myxocyprinus asiaticus*
英文名 ▶ Chinese Sucker
物种分类 ▶ 硬骨鱼纲—鲤形目—亚口鱼科—胭脂鱼属
中国保护等级 ▶ 国家二级（仅限野外种群）

长江流域分布

长江上、中、下游皆有，
以上游数量为多

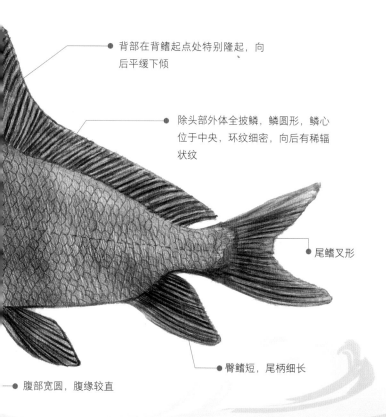

● 背部在背鳍起点处特别隆起，向
后平缓下倾

● 除头部外体全披鳞，鳞圆形，鳞心
位于中央，环纹细密，向后有稀辐
状纹

● 尾鳍叉形

● 臀鳍短，尾柄细长

● 腹部宽圆，腹缘较直

　　随着年龄的增长和环境的变化，胭脂鱼从体形、背鳍、体色到体表花纹一直在变化。幼鱼全身微黑，体侧在腹鳍基前后各有一横斜红色宽纹。体稍大，横纹渐消失；成鱼雄鱼全身胭脂红色，雌鱼黑紫色。幼鱼背鳍前部，臀鳍、尾鳍后端与偶鳍均红黑色，成鱼色较淡。

稀有鮈鲫 | Rare Gudgeon

　　稀有鮈鲫是小型鱼类，成体全长 38 ~ 45 毫米，已知最大个体全长 85 毫米。它是我国特有的一种小型鲤科鱼类，于 20 世纪 80 年代被我国鱼类学工作者在四川发现并鉴定。稀有鮈鲫虽小且少，却是我国有代表性的本土模式生物，在物种研究上具有代表性意义。

　　长期以来，水生实验动物基本依赖于斑马鱼、青鳉、剑尾鱼等国外的模式生物。稀有鮈鲫具有生活周期短、繁殖性能优越、卵大且透明等诸多特点，是开展病理学、免疫学、基础生物学、环境毒理学和遗传学研究的良好实验材料，已作为推荐的供试生物列入相关行业标准中。

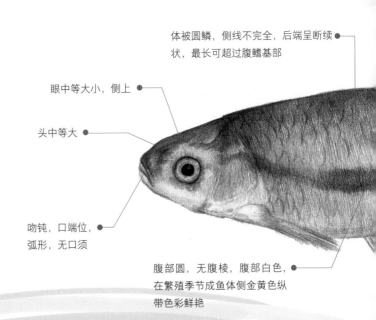

体被圆鳞，侧线不完全，后端呈断续状，最长可超过腹鳍基部

眼中等大小，侧上

头中等大

吻钝，口端位，弧形，无口须

腹部圆，无腹棱，腹部白色，在繁殖季节成鱼体侧金黄色纵带色彩鲜艳

生境习性

　　广温性鱼类，能适应 0 ~ 36℃的养殖水温，喜栖于半石、半泥沙的底质和多水草的微流水环境，也能在比较混浊的水体中生活，喜集群活动，主要以小型水生无脊椎动物为食。繁殖季节为 3—11 月，在人工授精条件下可周年繁[殖]，在适宜的水温和充足的饵料条件下，孵出后[1]月左右即可达性成熟并产卵，一般每尾雌鱼[一次]可产卵 300 粒左右。

别名 ▶ 金白娘、墨线鱼
拉丁学名 ▶ *Gobiocypris rarus*
英文名 ▶ Rare Gudgeon
物种分类 ▶ 硬骨鱼纲—鲤形目—鲤科—鲍鲫属
中国保护等级 ▶ 国家二级（仅限野外种群）

长江流域
分布

长江上游的大渡河支流和
四川成都附近的小河流中

● 背鳍短，无硬刺

● 体侧具淡黄色宽纵纹，从鳃孔后至尾
鳍基有一条较宽黑色条纹，因此又名
"墨线鱼"

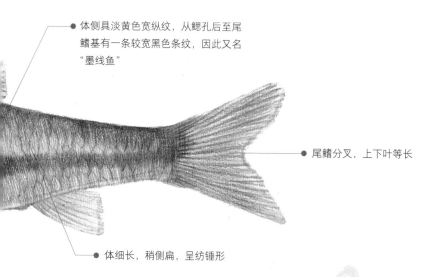

● 尾鳍分叉，上下叶等长

● 体细长，稍侧扁，呈纺锤形

胸鳍末端圆钝

种现状

稀有鲍鲫在成都平原西部曾广泛分布过，后
□农田水利等人类活动导致了生境片段化。在
□已知的分布点中，稀有鲍鲫模式产地即汉源
□襄镇流沙河河滩上种群数量最多，其次是乐
□夹江县，除此以外，其他分布点的种群数量

都较少。

由于分布范围较狭窄，天然数量不多，生活
环境易受外界环境因素影响，因此环境条件的不
稳定性对稀有鲍鲫的正常生活构成一定的威胁。

鳤 | Long Spiky-head Carp

鳤最长体长可达 2 米，体重能达到 50 千克。1983 年 6 月，在珠江上游的西江曾捕获过一条长 156 厘米、重 45 千克的大型鳤鱼，经测量显示其年龄大约在 15 龄左右。这也是最后见到的鳤鱼

生境习性

主要生活在江河或湖泊的中下层，矫健凶猛，游泳力强，属大型的肉食性凶猛鱼类，以捕食个体较小的鱼虾及其他水生动物为生。在体长 30 厘米以前，鳤鱼都以游弋方式在水的中上层掠取其他鱼类为食，成鱼则以长形的吻部在石缝中觅食小鱼，即使消化管内已充满了食物，仍不断吞食。性成熟年龄在 5 龄以上，生殖期为 4—7 月。鳤鱼的繁殖方式为漂流性卵生，鱼卵需要在动力水生环境中漂流数百千米才能有效孵化，而刚孵化出来的幼鱼还需要继续漂流两三天才具备主动游泳的能力。

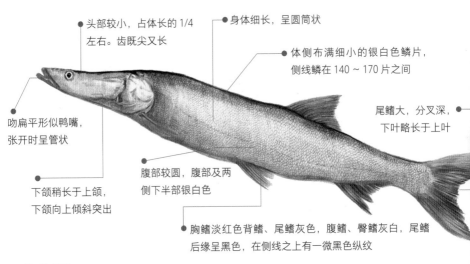

头部较小，占体长的 1/4 左右。齿既尖又长

身体细长，呈圆筒状

体侧布满细小的银白色鳞片，侧线鳞在 140 ~ 170 片之间

尾鳍大，分叉深，下叶略长于上叶

吻扁平形似鸭嘴，张开时呈管状

腹部较圆，腹部及两侧下半部银白色

下颌稍长于上颌，下颌向上倾斜突出

胸鳍淡红色背鳍、尾鳍灰色，腹鳍、臀鳍灰白、尾鳍后缘呈黑色，在侧线之上有一微黑色纵纹

物种现状

过度捕捞、江湖阻隔和食物短缺等多种原因造成了鳤资源急剧下降。从 2004 年至 2016 年的多次调查中均未再发现鳤鱼踪迹。湖北省的汉江钟祥段鳜鳍鳤鱼国家级水产种质资源保护区是目前全国唯一一处以鳤为主要保护对象的保护区。

基本资料

其他名称 ▶ 吹火筒、尖头鳡、鸭嘴鱼

拉丁学名 ▶ *Luciobrama macrocephalus*

英文名 ▶ Long Spiky-head Carp

物种分类 ▶ 硬骨鱼纲—鲤形目—鲤科—鳤属

中国保护等级 ▶ 国家二级

IUCN 红色名录 ▶ 数据缺乏（DD）

长江流域分布

长江及其支流水系，也见于平原江河湖泊

多鳞白鱼

多鳞白鱼曾是产地主要渔业对象之一。自 20 世纪 70 年代起，由于围湖造田导致产卵场遭破坏以及外来物种入侵影响栖息生长和繁殖，如今已濒临绝迹。

生境习性

栖息于水体的中上层，常在湖中水草茂密处食，主要以水草、小鱼和小虾为食。一冬龄可性成熟，每年春初，亲鱼成群游向近岸砾石滩产卵。3月为繁殖旺季，此时正值昆明桃花盛开期，亲鱼结群游向岸边砾石浅滩产卵引人注目，因此得名桃花白鱼。

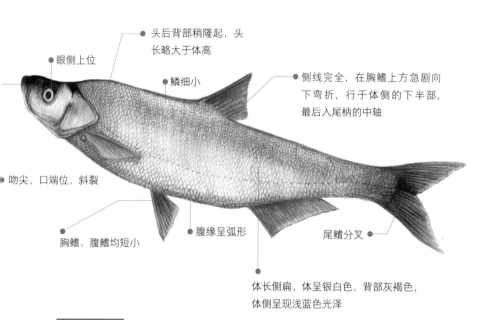

眼侧上位

头后背部稍隆起，头长略大于体高

鳞细小

侧线完全，在胸鳍上方急剧向下弯折，行于体侧的下半部，最后入尾柄的中轴

吻尖，口端位，斜裂

胸鳍、腹鳍均短小

腹缘呈弧形

尾鳍分叉

体长侧扁，体呈银白色，背部灰褐色，体侧呈现浅蓝色光泽

基本资料

其他名称 ▶ 大白鱼、桃花鱼

拉丁学名 ▶ *Anabarilius polylepis*

物种分类 ▶ 硬硬骨鱼纲—鲤形目—鲤科—白鱼

中国保护等级 ▶ 国家二级

IUCN 红色名录 ▶ 濒危（EN）

长江流域分布

云南滇池

圆口铜鱼 | Largemouth Bronze Gudgeon

成鱼体长为 33 ~ 55 厘米，常见个体以 0.5 ~ 1 千克为多，最大可达 3.5 ~ 4 千克。圆口铜鱼是长江上游的特有鱼类和主要经济鱼类，也是长江上游珍稀特有鱼类保护区指标性物种。2014 年，我国成功实现圆口铜鱼驯养种鱼的人工繁殖。2020年，圆口铜鱼规模化繁殖技术获突破，繁殖初孵仔鱼数量达到10 万尾以上。2021 年 6 月，实现长江圆口铜鱼全人工繁殖成功。

长江流域
分布

长江上游、金沙江下游种
雅砻江下游

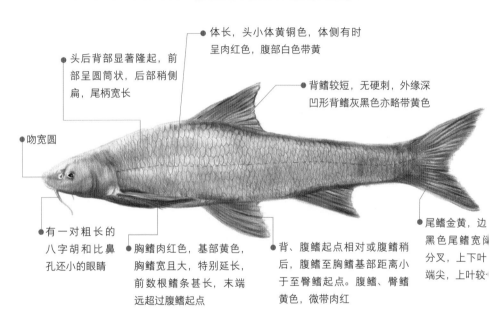

- 头后背部显著隆起，前部呈圆筒状，后部稍侧扁，尾柄宽长
- 体长，头小体黄铜色，体侧有时呈肉红色，腹部白色带黄
- 背鳍较短，无硬刺，外缘深凹形背鳍灰黑色亦略带黄色
- 吻宽圆
- 有一对粗长的八字胡和比鼻孔还小的眼睛
- 胸鳍肉红色，基部黄色，胸鳍宽且大，特别延长，前数根鳍条甚长，末端远超过腹鳍起点
- 背、腹鳍起点相对或腹鳍稍后，腹鳍至胸鳍基部距离小于至臀鳍起点。腹鳍、臀鳍黄色，微带肉红
- 尾鳍金黄，边黑色尾鳍宽阔分叉，上下叶端尖，上叶较

生境习性

为下层鱼类，栖息于水流湍急的江河，常在多岩礁的深潭中活动，是杂食性鱼类，以水生昆虫、软体动物、植物碎片、鱼卵、鱼苗等为食。2 ~ 3 龄性成熟，生殖季节一般在 4 月下旬至 7 月上旬，以 5—6 月初较为集中。圆口铜鱼是典型的河道洄游性鱼类和产漂流性卵鱼类，整个生活史都在河道中完成，产卵场仅发现于金沙江中下游以及雅砻江干流下游。

基本资料

其他名称 ▶ 方头水鼻子、水密子、出水烂、肥坨
拉丁学名 ▶ *Coreius guichenoti*
英文名 ▶ Largemouth Bronze Gudgeon
物种分类 ▶ 硬骨鱼纲—鲤形目—鲤科—铜鱼属
中国保护等级 ▶ 国家二级（仅限野外种群）

长鳍吻鮈

2014 年，成功实施人工催产繁殖。2015 年，进行增殖放流活动，对其野生资源进行补充。2021 年，长鳍吻鮈全人工繁殖获得成功。

基本资料

其他名称 ▸ 洋鱼、土耗儿

拉丁学名 ▸ *Rhinogobio ventralis*

物种分类 ▸ 硬骨鱼纲—鲤形目—鲤科—吻鮈属

中国保护等级 ▸ 国家二级

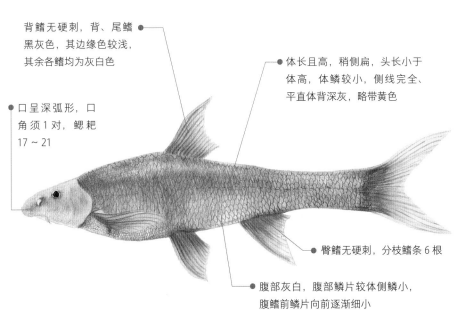

背鳍无硬刺，背、尾鳍黑灰色，其边缘色较浅，其余各鳍均为灰白色

体长且高，稍侧扁，头长小于体高，体鳞较小，侧线完全、平直体背深灰，略带黄色

口呈深弧形，口角须 1 对，鳃耙 17 ~ 21

臀鳍无硬刺，分枝鳍条 6 根

腹部灰白，腹部鳞片较体侧鳞小，腹鳍前鳞片向前逐渐细小

生境习性

喜栖于河流底层，春、夏季活动范围广泛，常在急流险滩，峡谷深沱、支流出口觅食活动。主要以淡水壳菜、河蚬、水生昆虫幼虫等为食。产卵期为 3 月下旬至 4 月下旬，产卵水温 17 ~ 19.2℃。生殖群体集群在浅水滩处产卵，产卵场底质为沙、卵石，水深 0.5 ~ 1 米。产漂流性卵，受精卵随水漂流发育。

长江流域分布

金沙江干支流水域

滇池金线鲃 | Golden Line Fish

滇池金线鲃是"云南四大名鱼"之首，早在 300 多万年前，它就生活在滇池，有不少业界人士将其称为"滇池古董""滇池珍珠"。几百年前，徐霞客来到昆明游历滇池时，在《徐霞客游记·游太华山记》中这样记述滇池金线鲃："鱼大不逾四寸，中腴脂，首尾一缕如线，为滇池珍味。"

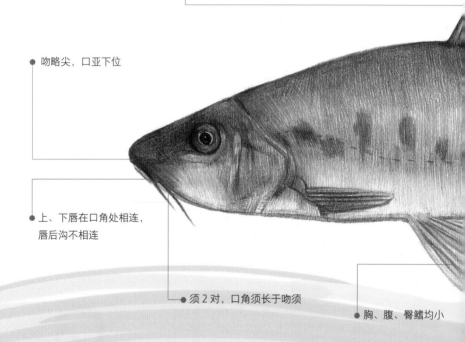

背鳍起点稍后于腹鳍起点，末根不分支鳍条基部粗硬，后缘有锯齿

吻略尖，口亚下位

上、下唇在口角处相连，唇后沟不相连

须 2 对，口角须长于吻须

胸、腹、臀鳍均小

生境习性

栖息于水质清澈的湖泊中，生活于与湖泊相通的洞穴中，常游出洞外。以小鱼、小虾和水生昆虫为主食，也食少量的丝状藻、蓝藻和高等植物碎片。滇池金线鲃是半洞穴鱼类，冬季要进洞产卵，春季鱼苗才会从龙潭里出来，到滇池觅食。

基本资料

别名 ▶ 小鲈鱼、洞鱼、波罗鱼、金线鱼
拉丁学名 ▶ *Sinocyclocheilus grahami*
英文名 ▶ Golden Line Fish，Golden-line Barbel
物种分类 ▶ 硬骨鱼纲—鲤形目—鲤科—金线鲃属
中国保护等级 ▶ 国家二级
IUCN 红色名录 ▶ 极危（CR）

长江流域
分布

云南滇池

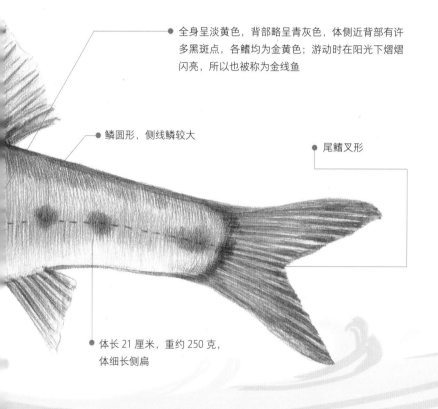

● 全身呈淡黄色，背部略呈青灰色，体侧近背部有许
多黑斑点，各鳍均为金黄色；游动时在阳光下熠熠
闪亮，所以也被称为金线鱼

● 鳞圆形，侧线鳞较大

● 尾鳍叉形

● 体长 21 厘米，重约 250 克，
体细长侧扁

保护现状

　　2000 年起，中国科学院昆明动物研究所从野外引种亲鱼，开展保护、繁殖、种群恢复和可持续利用等研究工作。2007 年，滇池金线鲃首次突破人工繁殖，这也是继中华鲟、胭脂鱼之后，成功实现人工繁殖的第三种中国国家级保护鱼类。2009 年至 2018 年，累计向滇池流域投放滇池金线鲃鱼苗 800 万余尾。

四川白甲鱼

底栖性鱼类，喜生活于清澈而具有砾石的流水中。早春成群溯河而上，秋冬下退至深水多乱石的江底越冬。常以锐利的下颌角质边缘在岩石及其他物体上刮取食物。食物以着生藻类及沉积的腐殖物质为主。亲鱼性成熟后即上溯至多砾石及沙滩的急流处产卵，卵常黏附在水底砂石上孵化。

基本资料

其他名称 ▸ 小口白甲、尖嘴白甲、腊棕
拉丁学名 ▸ *Onychostoma angustistomata*
物种分类 ▸ 硬骨鱼纲—鲤形目—鲤科—白甲鱼属
中国保护等级 ▸ 国家二级

长江流域分布

长江上游干支流

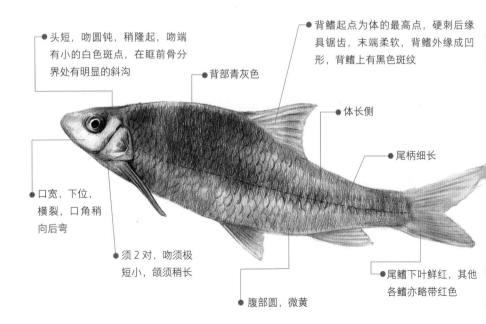

- 头短，吻圆钝，稍隆起，吻端有小的白色斑点，在眶前骨分界处有明显的斜沟
- 背部青灰色
- 背鳍起点为体的最高点，硬刺后缘具锯齿，末端柔软，背鳍外缘成凹形，背鳍上有黑色斑纹
- 体长侧
- 尾柄细长
- 口宽，下位，横裂，口角稍向后弯
- 须2对，吻须极短小，颌须稍长
- 腹部圆，微黄
- 尾鳍下叶鲜红，其他各鳍亦略带红色

多鳞白甲鱼 | Largescale Shoveljaw Fish

多鳞白甲鱼主要分布在四川、陕西、山西、山东、河南、河北、湖北、北京等地，是鲃亚科鱼类中分布最北的一种。喜欢温暖潮湿的环境，主要生活在小溪和山沟的山洞里，一般集中在天黑后出洞。因过度捕捞及生存环境变化，多鳞白甲鱼野生资源逐年减少，人工繁育已取得成功并实现规模化养殖。

长江流域
分布

长江支流汉江、
嘉陵江等的中上游

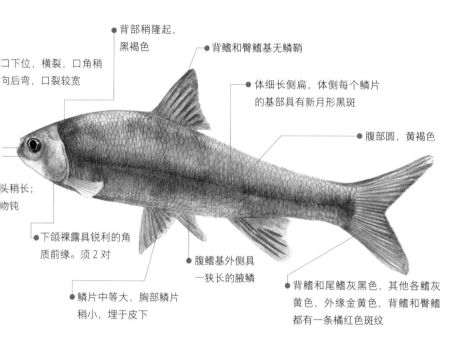

背部稍隆起，
黑褐色

背鳍和臀鳍基无鳞鞘

口下位，横裂，口角稍
向后弯，口裂较宽

体细长侧扁，体侧每个鳞片
的基部具有新月形黑斑

腹部圆，黄褐色

头稍长；
吻钝

下颌裸露具锐利的角
质前缘。须 2 对

鳞片中等大，胸部鳞片
稍小，埋于皮下

腹鳍基外侧具
一狭长的腋鳞

背鳍和尾鳍灰黑色，其他各鳍灰
黄色，外缘金黄色，背鳍和臀鳍
都有一条橘红色斑纹

基本资料

地名称 ▶ 钱鱼、梢白甲、赤鳞鱼、多鳞铲颌鱼、多鳞突吻鱼
学名 ▶ *Onychostoma macrolepis*
文名 ▶ Largescale Shoveljaw Fish
种分类 ▶ 硬骨鱼纲—鲤形目—鲤科—白甲鱼属
国保护等级 ▶ 国家二级（仅限野外种群）
N 红色名录 ▶ 无危（LC）

生境习性

为暖温性淡水鱼类，生活在海拔270～1500米、水质清澈、砂石底质的高山溪流中。杂食性鱼类，主要摄食体壁较薄的水生昆虫等无脊椎动物和藻类。取食砾石表面的藻类时，先用下颌猛铲，然后翻转身体，把食饵掰入口中。

金沙鲈鲤

　　金沙鲈鲤是云南名贵的珍稀特有土著鱼类，幼鱼多在支流或干流的沿岸，成鱼则在敞水区水体的中上层游弋。常见体重 0.5～1 千克，最大达 15 千克。行动迅速，为凶猛性鱼类，专门猎食小型鱼类，被称为金沙江中的"老虎"。3 冬龄鱼达性成熟，2—4 月产卵，产卵地点都在上游的急流水中。

　　作为水生态系统里处于食物链顶端的鱼类，赤水河云南段多处存在以"花鱼洞"命名的地名，说明了金沙鲈鲤种群数量曾经的繁盛。

长江流域分布

长江上游
金沙江干支流流域

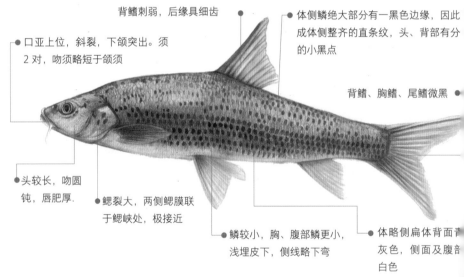

背鳍刺弱，后缘具细齿

体侧鳞绝大部分有一黑色边缘，因此成体侧整齐的直条纹，头、背部有分的小黑点

口亚上位，斜裂，下颌突出。须 2 对，吻须略短于颌须

背鳍、胸鳍、尾鳍微黑

头较长，吻圆钝，唇肥厚.

鳃裂大，两侧鳃膜联于鳃峡处，极接近

鳞较小，胸、腹部鳞更小，浅埋皮下，侧线略下弯

体略侧扁体背面青灰色，侧面及腹部白色

物种现状

　　由于生态环境恶化，加上近年来大量水利工程建设、江河污染、酷鱼滥捕等原因，金沙鲈鲤的自然种群资源量锐减，有些原产地已消失。2021 年，在赤水河流域曾三次捕获到野生金沙鲈鲤，金沙鲈鲤从"稀见种"变成"偶见种"，资源量略有恢复。如今野生驯化取得阶段性成功，可以大面积人工养殖。

基本资料

其他名称 ▶ 大花鱼、豹纹花鱼

拉丁学名 ▶ *Percocypris pingi*

物种分类 ▶ 硬骨鱼纲—鲤形目—鲤科—鲈鲤属

中国保护等级 ▶ 国家二级（仅限野外种群）

IUCN 红色名录 ▶ 近危（NT）

细鳞裂腹鱼

    细鳞裂腹鱼是产区名贵鱼类，也是中国特有的重要冷水性经济鱼类。细鳞裂腹鱼适应了高原及冷水性气候，生长缓慢，繁殖力低，个体比较小，3～4年才能性成熟。

    2005—2006年，细鳞裂腹鱼人工驯养获得成功。2013年，云南首次实现细鳞裂腹鱼人工繁殖。

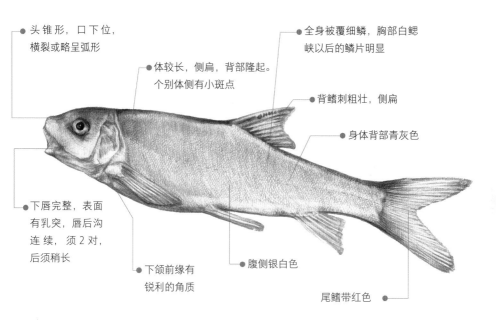

- 头锥形，口下位，横裂或略呈弧形
- 体较长，侧扁，背部隆起。个别体侧有小斑点
- 全身被覆细鳞，胸部白鳃峡以后的鳞片明显
- 背鳍刺粗壮，侧扁
- 身体背部青灰色
- 下唇完整，表面有乳突，唇后沟连续，须2对，后须稍长
- 下颌前缘有锐利的角质
- 腹侧银白色
- 尾鳍带红色

基本资料

其他名称 ▶ 洋鱼
拉丁学名 ▶ *Schizothorax chongi*
物种分类 ▶ 硬骨鱼纲—鲤形目—鲤科—裂腹鱼属
中国保护等级 ▶ 国家二级（仅限野外种群）

长江流域分布

金沙江中下游

重口裂腹鱼 | David's Schizothoracin

重口裂腹鱼属鲤科，裂腹鱼亚科，俗称"雅鱼"，个体较大，一般体长40厘米，体重1~2千克，为四川省名贵经济鱼类。

基本资料

别名▶重口细鳞鱼、雅鱼、重口、细甲鱼

拉丁学名▶ *Schizothorax davidi*

英文名▶ David's Schizothoracin

物种分类▶硬骨鱼纲—鲤形目—鲤科—裂腹鱼属

中国保护等级▶国家二级（仅限野外种群）

长江流域分布

岷江、嘉陵江、乌江、汉江等中

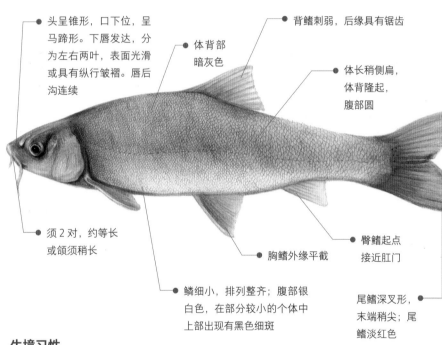

头呈锥形，口下位，呈马蹄形。下唇发达，分为左右两叶，表面光滑或具有纵行皱褶。唇后沟连续

体背部暗灰色

背鳍刺弱，后缘具有锯齿

体长稍侧扁，体背隆起，腹部圆

须2对，约等长或颌须稍长

胸鳍外缘平截

臀鳍起点接近肛门

鳞细小，排列整齐；腹部银白色，在部分较小的个体中上部出现有黑色细斑

尾鳍深叉形，末端稍尖；尾鳍淡红色

生境习性

　　属冷水性鱼类，底栖生物，喜居于底质为泥或砂的有水流的峡谷河流，适宜生长温度为5~27℃，最佳生长温度为25℃。摄食季节在底质为沙和砾石、水流湍急的环境中活动，秋后向下游动，在河流的深坑或水下岩洞中越冬。以水生昆虫和昆虫幼体为食，其口能自由伸缩，在砾石下摄食。生长较缓慢，雄性4龄成熟，雌性6龄成熟，繁殖期在8—9月，产卵于水流较急的砾石河床中。

保护现状

　　国家共设立了白水江重口裂腹鱼级水产种质资源保护区、玛柯河重口鱼国家级水产种质资源保护区、平通腹鱼类国家级水产种质资源保护区、唐家河保护区等多个重口裂腹鱼保护

厚唇裸重唇鱼

生长较缓慢，10龄鱼的平均体长仅为44厘米左右。个体最大能达60厘米，1.5千克左右。由于厚唇裸重唇鱼本身生长极为缓慢，性成熟较晚，且怀卵量不高，繁殖能力低下，数量比较稀少。

基本资料

别名 ▶ 石花鱼、重唇花鱼、麻鱼、翻嘴鱼

拉丁学名 ▶ *Gymnodiptychus pachycheilus*

物种分类 ▶ 硬骨鱼纲—鲤形目—鲤科—裸重唇鱼属

中国保护等级 ▶ 国家二级（仅限野外种群）

IUCN 红色名录 ▶ 无危（LC）

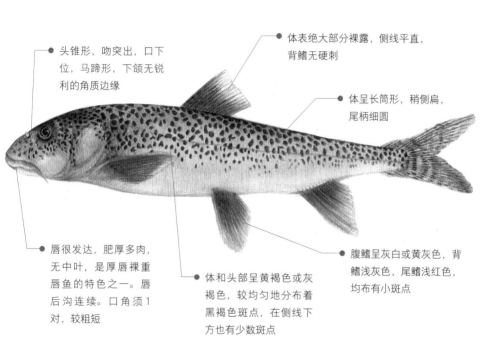

头锥形，吻突出，口下位，马蹄形，下颌无锐利的角质边缘

体表绝大部分裸露，侧线平直，背鳍无硬刺

体呈长筒形，稍侧扁，尾柄细圆

唇很发达，肥厚多肉，无中叶，是厚唇裸重唇鱼的特色之一。唇后沟连续。口角须1对，较粗短

体和头部呈黄褐色或灰褐色，较均匀地分布着黑褐色斑点，在侧线下方也有少数斑点

腹鳍呈灰白或黄灰色，背鳍浅灰色，尾鳍浅红色，均布有小斑点

境习性

为高原冷水性大型底栖鱼类，多栖息于水流湍急河流中，有时也进入附属湖泊，主要以水生昆虫、水壳菜等为食。繁殖期在4—6月，河水开冰后即可产卵。性成熟较慢，4龄左右开始成熟。

长江流域分布

长江流域的岷江、嘉陵江、汉水等水系

小鲤 | Dianchi Carp

小鲤生长速度较为缓慢，个体不大，一般体长 12 ~ 16 厘米，体重约 250 克。繁殖能力也不如常见的鲤鱼，因此整个种群的数量一直处于较低的水平。小鲤是我国独有的鱼种，只分布存活于云南的滇池中，喜欢水草比较多的静水水体中，是典型的中下层鱼类。

基本资料

其他名称 ▶ 麻鱼、马边鱼、中鲤
拉丁学名 ▶ *Cyprinus micristius*
英文名 ▶ Dianchi Carp
物种分类 ▶ 硬骨鱼纲—鲤形目—鲤科
中国保护等级 ▶ 国家二级
IUCN 红色名录 ▶ 极危（CR）

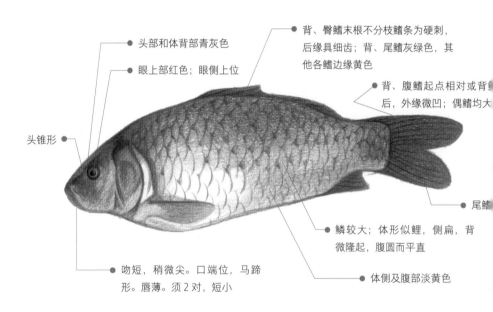

● 头部和体背部青灰色

● 眼上部红色；眼侧上位

● 背、臀鳍末根不分枝鳍条为硬刺，后缘具细齿；背、尾鳍灰绿色，其他各鳍边缘黄色

● 背、腹鳍起点相对或背鳍后，外缘微凹；偶鳍均大

头锥形 ●

● 尾鳍

● 吻短，稍微尖。口端位，马蹄形。唇薄。须 2 对，短小

● 鳞较大；体形似鲤，侧扁，背微隆起，腹圆而平直

● 体侧及腹部淡黄色

生境习性

小鲤多栖息于水草较多的静水水体中，为中下层杂食性鱼类，主要摄食水生昆虫和小虾。5、6 月为繁殖期，也有少数延至 7 月初，喜在近湖边的岸滩具泥沙处产卵。

保护现状

目前产地已发布《滇池管理条例》，每年封湖禁渔 5 个月，并划定 7 个常年封湖禁渔保护区，使其有索饵繁殖的场所。

长江流域分布

云南滇池

红唇薄鳅

因厚厚的鱼嘴呈现出的淡红色而得名"红唇"。体色变化较大，全身具不规则的斑块，或仅背部具斑纹，或全身无斑纹而呈褐色。常见个体为 10 厘米左右。

目前未见人工驯化和繁殖成功的报道，但国内不少机构正在开展红唇薄鳅人工驯养繁育技术研究。

长江流域分布

长江上游及其支流

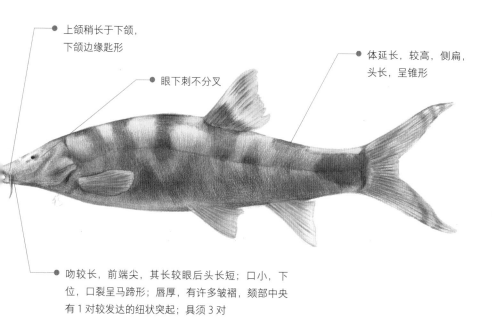

上颌稍长于下颌，下颌边缘匙形

眼下刺不分叉

体延长，较高，侧扁，头长，呈锥形

吻较长，前端尖，其长较眼后头长短；口小，下位，口裂呈马蹄形；唇厚，有许多皱褶，颏部中央有 1 对较发达的纽状突起；具须 3 对

基本资料

其他名称 ▶ 红鱼
拉丁学名 ▶ *Leptobotia rubrilabris*
物种分类 ▶ 硬骨鱼纲—鲤形目—鳅科—薄鳅属
中国保护等级 ▶ 国家二级（仅限野外种群）

生境习性

喜欢栖息在江河底层，以较小型底栖动物为食。

岩原鲤 | Rock Carp

　　在四川有谚语云："一鳊、二岩、三青鲅"。二岩即岩原鲤，是川江有鳞鱼之上品。岩原鲤体厚肉丰，肉质细嫩，颜色雪白，味道极佳，是上等经济鱼类，也被称为"鲤鱼中的贵族"。在重庆万州，有两种鱼很著名，一种是胭脂鱼，另一种就是岩原鲤。

　　岩原鲤生长速度缓慢，一般 4 龄鱼才达 0.5 千克左右；10 龄鱼的体长为 59 厘米，体重 4 千克。常见个体为 0.2～1.0 千克，据记载最大个体可达 10 千克。

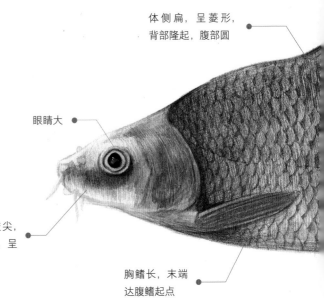

体侧扁，呈菱形，背部隆起，腹部圆

眼睛大

头小呈圆锥形，吻较尖，口须 2 对，口亚下位，呈马蹄形，唇厚

胸鳍长，末端达腹鳍起点

生境习性

　　岩原鲤大多栖息在江河水流较缓、底质多岩石的水体底层，经常出没于岩石之间，冬季在河床的岩穴或深沱中越冬，立春后开始溯河到长江上游各支流产卵。雄鱼 3 年性成熟，雌鱼 4 年性成熟。产卵期 4—8 月，产卵场一般分布在急流中的砾石滩，沉黏性卵产出后粘在石头上孵化。属广温性鱼类，其生存水温为 1.5～37 ℃。杂食性鱼类，主要以底栖生物、小鱼小虾为食，偶尔也摄食水生植物，在越冬时会停止摄食。

基本资料

别名 ▶ 水子、岩鲤、黑鲤鱼、墨鲤

拉丁学名 ▶ *Procypris rabaudi*

英文名 ▶ Rock Carp

物种分类 ▶ 硬骨鱼纲—鲤形目—鲤科—原鲤属

中国保护等级 ▶ 国家二级（仅限野外种群）

长江流域分布

长江中上游支流，主要分布在云南金
沙江永仁江段、四川乐山、贵州修文
六广河等有零星分布

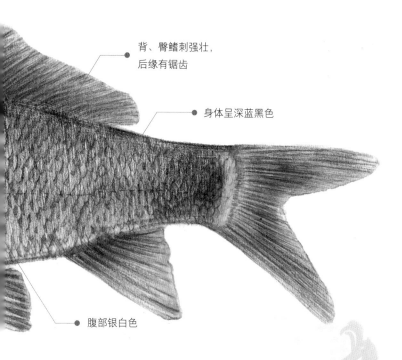

背、臀鳍刺强壮，
后缘有锯齿

身体呈深蓝黑色

腹部银白色

保护现状

1999 年国内首次人工繁殖成功，随着人工繁育技术的发展和成熟，岩原鲤已实现规模养殖，在四川、重庆等地都有产区。

在物种保护方面，国家设立了大通江河岩原鲤国家级水产种质资源保护区、嘉陵江岩原鲤中华倒刺鲃国家级水产种质资源保护区、通河特有鱼类国家级水产种质资源保护区等对岩原鲤等特有鱼类进行物种保护。此外，在每年的增殖放流活动中，人工放流一定数量的岩原鲤幼鱼，对岩原鲤的野生种群恢复和维持也有一定的作用。

长薄鳅 | Elongate Loach

长薄鳅成鱼体长 15 ~ 38 厘米，体重 80 ~ 350 克，最大可长达 50 厘米，体重 3 千克。

长薄鳅是我国名贵的观赏鱼类，世界奇缺物种。它色泽艳丽、体态婀娜，在观赏鱼中属于上等。1989 年，我国有三种鱼在新加坡国际观赏鱼评比中获奖，其中获得铜奖的是大鲵，获得银奖的是胭脂鱼，而获得金奖的正是长薄鳅。长薄鳅在世界观赏鱼排行榜上风姿绰约，可谓"首席明星"，身价也倍增。

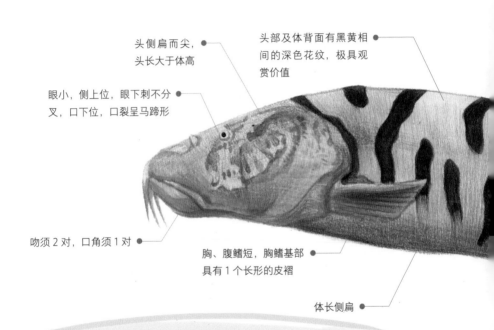

头侧扁而尖，头长大于体高

头部及体背面有黑黄相间的深色花纹，极具观赏价值

眼小，侧上位，眼下刺不分叉，口下位，口裂呈马蹄形

吻须 2 对，口角须 1 对

胸、腹鳍短，胸鳍基部具有 1 个长形的皮褶

体长侧扁

生境习性

长薄鳅是鳅科鱼类中个体最大、生长最快的一种。属温水性底层鱼类，怕光，喜欢水质清新的微流水环境，常集群在水底砂砾间或岩石缝隙中活动，江河涨水时有溯水上游的习性。适应温度较广，0 ~ 33℃均能存活，而且耐饥饿能凶猛肉食性鱼类，主要捕食小鱼，尤其是底型鱼类。产卵季节为每年的 4—6 月，产卵要分布在金沙江、雅砻江和岷江等支流。

基本资料

别名▶薄花鳅、红沙鳅钻

拉丁学名▶ *Leptobotia elongata*

英文名▶ Elongate Loach

物种分类▶硬骨鱼纲—鲤形目—鳅科—薄鳅属

中国保护等级▶国家二级（仅限野外种群）

IUCN 红色名录▶易危（VU）

长江流域
分布

长江中上游

被细鳞，腹部较宽圆

背鳍位于体的后半部

尾鳍深叉状

背鳍和臀鳍均短
小，没有硬刺

保护现状

  1999 年 5 月 22 日，长薄鳅首次人工繁殖成功，在生物界刷新了一项新的纪录。此后，各地研究所陆续攻克长薄鳅的人工繁育技术，但目前还没有攻克全人工繁殖技术。

湘西盲高原鳅

　　湘西盲高原鳅是典型的洞穴鱼类，全身无鳞，自然环境中显粉红色，光照条件下红色弱退，腹腔内脏清晰可见。体长 45.5 ~ 85 毫米。

　　湘西盲高原鳅祖先可能源于偶然的地质变迁或灾害被限制于某条地下河流或水系，与外界遗传物质的交流中断，群体遗传多样性降低，而可能成为纯化程度较高的群体，对于研究地质变迁、环境监测、生物进化和医学等方面有重要的潜在价值，还有可能成为环境、药物等实验的重要对象。

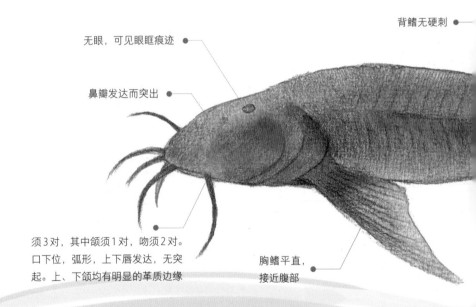

背鳍无硬刺

无眼，可见眼眶痕迹

鼻瓣发达而突出

须 3 对，其中颌须 1 对，吻须 2 对。口下位，弧形，上下唇发达，无突起。上、下颌均有明显的革质边缘

胸鳍平直，接近腹部

生境习性

　　冷水性洞穴鱼类，对外界光刺激无明显反应，喜栖息于角落和遮蔽物下，静卧或缓慢向前游动，受到大的震动时四处散开。有掠食行为，头钻砾石间寻找食物，对悬浮水中的饵料无反应。一般生活在洞穴水体中，在洞外环境难生存。

基本资料

别名 ▸ 盲鱼
拉丁学名 ▸ *Triplophysa xiangxiensis*
物种分类 ▸ 硬骨鱼纲—鲤形目—条鳅科—高原鳅属
中国保护等级 ▸ 国家二级
IUCN 红色名录 ▸ 易危（VU）

长江流域分布

湖南龙山县火岩乡多个溶洞的地下河中，属当地特有洞穴鱼类

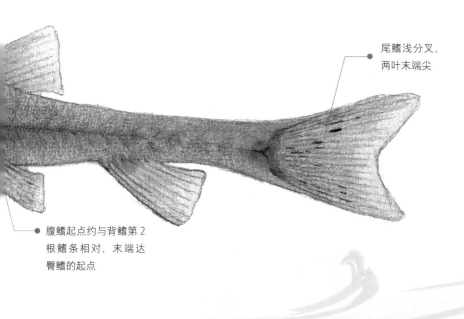

尾鳍浅分叉，
两叶末端尖

腹鳍起点约与背鳍第 2
根鳍条相对，末端达
臀鳍的起点

保护现状

　　《湖南省生物多样性保护战略与行动计划（2013—2030 年）》开展湖南特有动物的监测及保护研究，其中包括湘西盲高原鳅等，通过湖南特有物种种群、栖息地以及生境地的监测及保护研究，及时制订科学的保护策略。

昆明鲇 | Kunming-lake Catfish

昆明鲇原为滇池常见鱼类，为食用经济鱼类之一。喜生活于湖岸多水草处，白天隐于水底，晨昏活泼索食。为肉食性鱼类。由于大量生活污水泄入湖内使湖水富营养化，工业废水注入湖中造成水质恶化，长期过度捕捞和外来鱼类入侵等因素，昆明鲇的种群数量急剧减少，自 20 世纪 70 年代以来已几乎绝迹。

基本资料

别名 ▶ 鲇鱼

拉丁学名 ▶ *Silurus mento*

英文名 ▶ Kunming-lake Catfish, Kunming catfish

物种分类 ▶ 硬骨鱼纲—鲇形目—鲇科—鲇属

中国保护等级 ▶ 国家二级

IUCN 红色名录 ▶ 极危（CR）

长江流域分布

云南滇池

头中大，头体背侧青灰色，有云状斑纹；口大，亚上位。口裂浅，仅伸至眼前缘垂直下方

背鳍短小，无硬刺

体延长，前部纵扁，后部侧扁

眼小，位于头侧中部前上方。眼间隔宽而平坦

尾鳍略[...]上下叶[...]

前后鼻孔相隔较远。前鼻孔呈短管状，后鼻孔圆形。须 2 对，颌须较短

腹部乳白色

下颌突出于上颌。上、下颌具绒毛状细齿，形成宽齿带，犁骨齿带中央不连续

金氏鮇 | King's Bullheadd

在 20 世纪 60 年代以前较常见，但数量不多。近数十年来，由于人口急骤增多，生活及工业污水排放过多，湖水污染严重以及 20 世纪 50 年代末至 70 年代初的大规模围湖造田，破坏了鱼类的生活及产卵环境等因素，使种群数量明显减少，现已多年未再发现。

体长，侧扁，背缘拱形，自吻端向后上斜，背鳍以后微向下斜，腹面在腹鳍以前较平直。头、鳍富有厚皮。全身棕灰色，散有不规则的褐色小点，鳍黄色，背、尾鳍中央黑色。

基本资料

别名 ▶ 央丝
拉丁学名 ▶ *Liobagrus kingi*
英文名 ▶ King's Bullheadd
物种分类 ▶ 硬骨鱼纲—鲇形目—钝头鮠科—鮇属
中国保护等级 ▶ 国家二级
IUCN 红色名录 ▶ 濒危（EN）

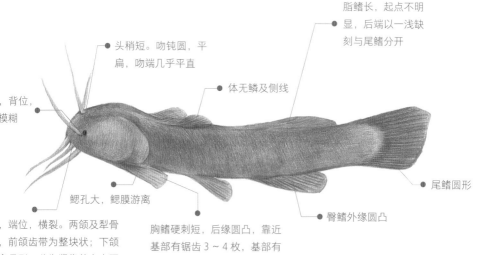

脂鳍长，起点不明显，后端以一浅缺刻与尾鳍分开

头稍短。吻钝圆，平扁，吻端几乎平直

体无鳞及侧线

，背位，模糊

尾鳍圆形

鳃孔大，鳃膜游离

臀鳍外缘圆凸

，端位，横裂。两颌及犁骨，前颌齿带为整块状；下颌弯月形，分为紧靠的左右两腭骨无齿。须 4 对，鼻须、各 1 对，颏须 2 对

胸鳍硬刺短，后缘圆凸，靠近基部有锯齿 3 ~ 4 枚，基部有毒腺

生境习性

生活于底质多石的急流水环境，为底层生活的小型肉食性鱼类。个体小。

长江流域分布

长江上游水系

青石爬鮡 | Catfish

　　石爬鮡，属鲇形目，俗称"石爬子"。石爬鮡分为两种：青石爬鮡，上颌须较短，胸鳍较长，分布于四川青衣江上游；黄石爬鮡，上颌须较长，胸鳍较短，分布于青海、四川、云南、西藏的金沙江水系。个体一般不大，常见个体长为 140～170 毫米，易捕捞。其肉质鲜美，且多含脂肪，被视为珍贵鱼品。

基本资料

别名 ▶	石爬子、唇鮡、青鮡、外口鮡、青石爬子
拉丁学名 ▶	*Euchiloglanis davidi*
英文名 ▶	Catfish
物种分类 ▶	硬骨鱼纲—鲟形目—鮡科—石爬鮡属
中国保护等级 ▶	国家二级

眼很小，居头中部的上方

嘴唇比较厚实，长有厚肉质，有多数乳突和皱褶，稍成吸盘状，有吸附能力。嘴巴边缘胡须 4 对，口角须最粗

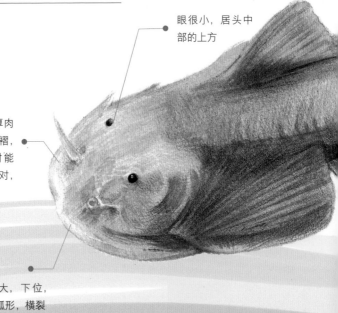

口宽大，下位，稍呈弧形，横裂

保护现状

　　易受水利工程影响，资源数量稀少。2002 年，四川省设立周公河珍稀鱼类省级自然保护区，保护区河流总长 190.1 千米，主要保护对象为大鲵、重口裂腹鱼、隐鳞裂腹鱼、异唇裂腹鱼、齐口裂腹鱼、青石爬鮡、鲈鲤等。

长江流域
分布

四川境内江河中，如青衣江、岷江、
金沙江等

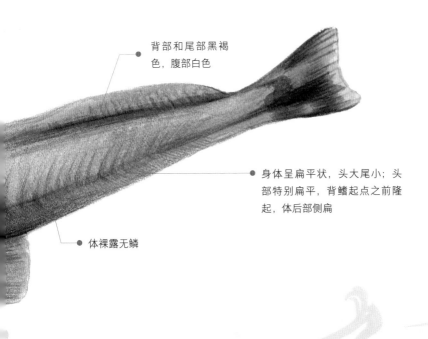

背部和尾部黑褐色，腹部白色

身体呈扁平状，头大尾小；头部特别扁平，背鳍起点之前隆起，体后部侧扁

体裸露无鳞

生境习性

　　淡水底层鱼类，生活于急流石穴中，活动性小，常以吸盘状的鳍吸附于石上。主要摄食水生昆虫及幼虫。产卵期为 9—10 月，产黏性卵于急流石缝穴中。

秦岭细鳞鲑 | Oinling Lenok

　　秦岭细鳞鲑是冰期自北方南移的残留物种，典型的冷水性鱼类，研究秦岭细鳞鲑对地理演化、物种进化、古地理环境变迁等方面具有重要的科学价值。

　　秦岭细鳞鲑外形优美，体长纺锤形，稍侧扁。体背部暗绿色，体侧淡红色，微紫，至腹部渐呈白色，体背及两侧散布有长椭圆形黑斑，斑缘为白环纹状，沿背鳍基及脂鳍上各具4～5个圆黑斑。最大体长四五十厘米。

鳞细小

头钝，头背部宽坦，中央微凸；吻不突出或微突；口端位，下颌较上颌略短，上颌骨后端达眼中央下方

眼大

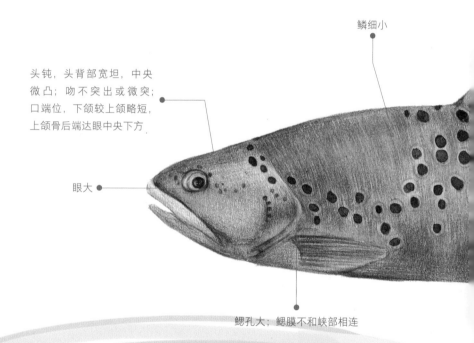

鳃孔大；鳃膜不和峡部相连

生境习性

　　生活于秦岭地区海拔 900～2300 米的山涧溪流中。秋末，在深水潭或河道的深槽中越冬。属肉食性鱼类，幼鱼主要以水生无脊椎动物为食，成鱼除摄食鱼类外，也食被风吹落的陆生昆虫。摄食时间多集中于早晚前后，阴天摄食活动全天均可见到。具有溯河洄游的习性，在每5月间，它们会向上洄游，在上游的深潭里繁殖。

别名 ▶ 花鱼、梅花鱼、金板鱼、闾花鱼、五色鱼
拉丁学名 ▶ *Brachymystax tsinlingensis*
英文名 ▶ Oinling Lenok
物种分类 ▶ 硬骨鱼纲—鲑形目—鲑科—细鳞鲑属
中国保护等级 ▶ 国家二级（仅限野外种群）

长江流域
分布

渭河上游及其支流和汉水北侧支流滑
水河、子午河上游的溪流中

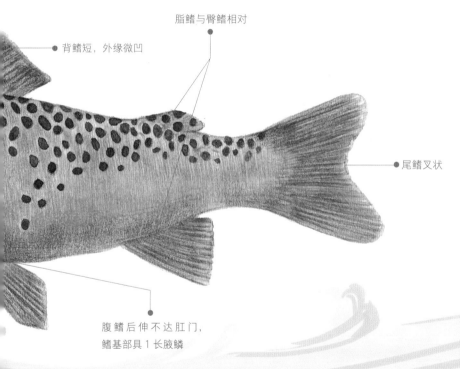

脂鳍与臀鳍相对

背鳍短，外缘微凹

尾鳍叉状

腹鳍后伸不达肛门，
鳍基部具 1 长腋鳞

保护现状

  为保护秦岭细鳞鲑的野生资源，21 世纪初，
国相继建立了陕西陇县国家级秦岭细鳞鲑自然
护区、甘肃漳县国家级秦岭细鳞鲑自然保护区
，对秦岭细鳞鲑的保护起到积极的作用。相关

单位从 2013 年开始进行人工驯养繁殖以及鱼苗
培育工作，主攻秦岭细鳞鲑人工养殖的关键技术。
2021 年，全人工方式规模化繁殖秦岭细鳞鲑子二
代苗种获得成功。

川陕哲罗鲑 | Sichuan Taiman

川陕哲罗鲑体型较大，常见个体 40～50 厘米，最大可达 2 米、重 50 千克。

川陕哲罗鲑是我国鲑科土著鱼类中的"活化石"，也是研究中国鱼类区系形成和古地理学的有力证据之一，在动物地理学、古生态及鱼类系统与气候变化等多方面具有重要研究价值。

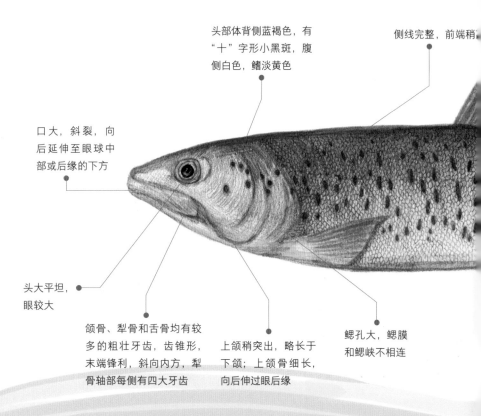

头部体背侧蓝褐色，有"十"字形小黑斑，腹侧白色，鳍淡黄色

侧线完整，前端稍

口大，斜裂，向后延伸至眼球中部或后缘的下方

头大平坦，眼较大

颌骨、犁骨和舌骨均有较多的粗壮牙齿，齿锥形，末端锋利，斜向内方，犁骨轴部每侧有四大牙齿

上颌稍突出，略长于下颌；上颌骨细长，向后伸过眼后缘

鳃孔大，鳃膜和鳃峡不相连

生境习性

　　属冷水性鱼类，喜栖于水质清澈、水流湍急、河道狭窄并且河床底质为粗砂或砾石的深水河湾，常单独行动，为凶猛肉食性鱼类，幼鱼以水生昆虫为食，成鱼主要捕食裂腹鱼、高原鳅、鮡科鱼类，有时也吃水鸟和水生兽类，甚至吃腐肉。属洄游鱼类，在每年 3—5 月的繁殖期，川陕哲罗鲑会短距离洄游到河流上、下游均有急流深水中部近岸缓流区域产卵。产卵时间只持续一亲鱼有二次产卵的习性。

基本资料

别名 ▸	虎嘉鱼、布氏哲罗鲑、贝氏哲罗鲑、四川哲罗鲑
拉丁学名 ▸	*Hucho bleekeri*
英文名 ▸	Sichuan Taiman
物种分类 ▸	硬骨鱼纲—鲑形目—鲑科—哲罗鲑属
中国保护等级 ▸	国家一级
IUCN 红色名录 ▸	极危（CR）

长江流域
分布

岷江、青衣江、汉江上游，大渡河中上游和太白河、秦岭山脉的南部

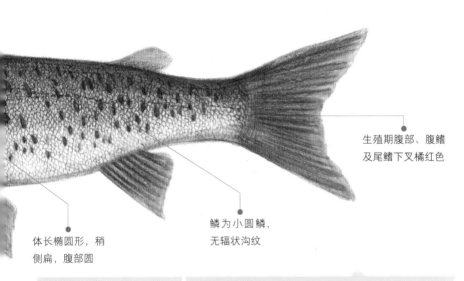

生殖期腹部、腹鳍及尾鳍下叉橘红色

鳞为小圆鳞，无辐状沟纹

体长椭圆形，稍侧扁，腹部圆

1992 年	《青海省实施〈中华人民共和国渔业法〉办法》出台，保护川陕哲罗鲑及其生态环境
2003 年	青海省建立玛可河川陕哲罗鲑保护中心
2008 年	有关部门开始对川陕哲罗鲑开展调查和驯养繁殖研究工作
2013 年 6 月、2014 年 6 月	两次成功人工繁殖川陕哲罗鲑
016 年、2017 年和 2020 年	三次在部分川陕哲罗鲑历史分布流域开展了人工增殖放流。目前在太白河中已存在自然繁殖种群

松江鲈 | Roughskin Sculpin

　　松江鲈名扬天下已有近 2000 年的历史，最早见于记载的是《三国演义》。在三国时期，就有左慈钓鲈的故事。隋炀帝游江南时，赞其是"东南佳味也"。乾隆皇帝游江南时欣然御赐为"江南第一名鱼"。

　　成鱼一般体长 20 厘米、体重 200 ~ 350 克。

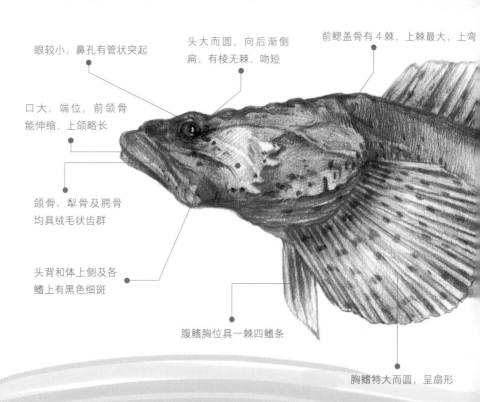

眼较小，鼻孔有管状突起

头大而圆，向后渐侧扁，有棱无棘，吻短

前鳃盖骨有 4 棘，上棘最大，上弯

口大，端位，前颌骨能伸缩，上颌略长

颌骨、犁骨及腭骨均具绒毛状齿群

头背和体上侧及各鳍上有黑色细斑

腹鳍胸位具一棘四鳍条

胸鳍特大而圆，呈扇形

保护现状

　　为了拯救松江鲈，复旦大学于 1984 年在室内人工繁殖获得成功，但苗数有限。2003 年，复旦大学和上海海洋大学合作，实现了大批量人工繁殖和育苗技术的突破。2010 年，松江鲈人工繁殖成功。我国设有文登市松江鲈鱼自然保护区，核心区和试验区，设立特别保护期，并辅以人流，修复松江鲈资源。目前上海、江苏、山东等省市都在试养。

基本资料

别名 ▶ 四鳃鲈、花花娘子、媳妇鱼、花鼓鱼

拉丁学名 ▶ *Trachidermus fasciatus*

英文名 ▶ Roughskin Sculpin

物种分类 ▶ 硬骨鱼纲—鲉形目—杜父鱼科—松江鲈鱼属

中国保护等级 ▶ 国家二级（仅限野外种群）

长江流域
分布

长江下游及河口，
以松江最为著名

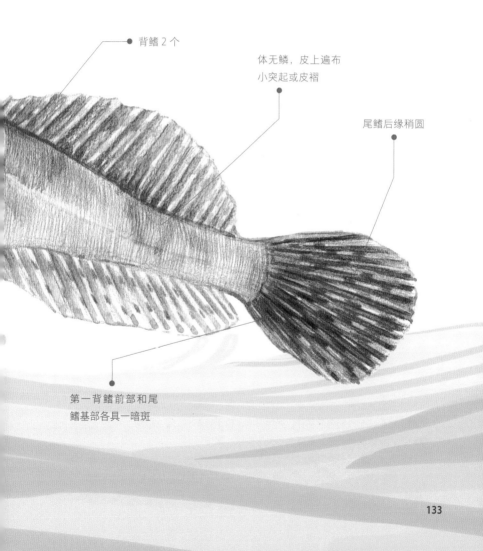

背鳍 2 个

体无鳞，皮上遍布
小突起或皮褶

尾鳍后缘稍圆

第一背鳍前部和尾
鳍基部各具一暗斑

绢丝丽蚌 | Mussel

长江流域分布

长江流域中下游的湖南、湖北、江西、安徽、浙江、江苏等地区

　　贝壳一般中等大小，壳长 73 毫米，壳高 48 毫米，壳宽 33 毫米。壳质厚、坚硬。

　　常栖息于水较深处，冬季不干涸、水质澄清透明的河流及与其相通的湖泊内，底质较硬，上为底泥，下为沙底或泥沙底或卵石底，有的个体还可以生活在岩石缝中。不与其他水生经济动物争夺生存空间和饵料生物，主要以底层的浮游植物和有机碎屑为食。

保护现状

　　我国在湖北省松滋市建立王家大湖绢丝丽蚌国家级水产种质资源保护区，总面积 790 公顷，核心区特别保护期为每年 12 月 1 日至翌年 6 月 30 日。主要保护绢丝丽蚌及其生境。

基本资料

拉丁学名 ▶ *Lamprotula fibrosa*

英文名 ▶ Mussel

物种分类 ▶ 双壳纲—蚌目—蚌科—丽蚌属

中国保护等级 ▶ 国家二级

壳顶部表面具有两排小棘或棘痕

壳面呈棕褐色，有丝状光泽

壳面生长轮脉细密，瘤状结节零星散布在生长轮脉上，有的个体瘤状结节细弱，有的瘤状结节发达

　　外形呈卵圆形，前部膨胀，后部压扁，左、右两壳稍不对称，左壳略向前斜伸。壳顶突出，位于贝壳最前方，背缘略呈弧形，前缘向下呈切割状，腹缘与后缘弧度大，连成半圆形。

背瘤丽蚌

贝壳较大型，壳长约100毫米，壳宽35毫米，壳高80毫米。贝壳甚厚，壳质坚硬，外形呈长椭圆形。蚌壳质厚，坚硬，为制造珠核、纽扣等及工艺品的主要原料。

长江流域分布

各地湖泊可见，长江中、下游流域的大型、中型湖泊及河流内，产量高

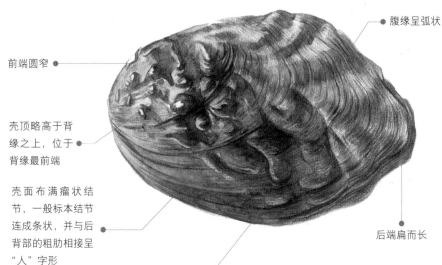

腹缘呈弧状

前端圆窄

壳顶略高于背缘之上，位于背缘最前端

壳面布满瘤状结节，一般标本结节连成条状，并与后背部的粗肋相接呈"人"字形

后端扁而长

背缘近直线状，后背缘弯曲稍突出成角形

幼壳壳面呈绿褐色，老壳则变成暗褐色或暗灰色。贝壳外形变异很大，有的壳前部短圆，有的前部长。壳内层为乳白色的珍珠层。

生境习性

喜生活于水深、水流较急的河流及其相通的湖泊内，底质较硬，多为沙底、有卵石的沙底或泥沙底，有的个体生活在岩石缝中。幼蚌较成蚌行动灵活，往往在水域沿岸带可采到幼蚌，而成蚌则在水深处方能采到。以矽藻、原生动物、单鞭毛藻类及有机物碎屑为食。

基本资料

其他名称 ▶ 麻丰蚌、麻歪歪
拉丁学名 ▶ *Lamprotula leai*
物种分类 ▶ 双壳纲—蚌目—蚌科—丽蚌属
中国保护等级 ▶ 国家二级

刻裂丽蚌

贝壳中等大小，壳长 70 毫米，壳高 50 毫米，壳宽 38 毫米左右。贝壳质厚而坚硬，两壳稍膨胀，外形呈卵圆形。壳顶位于贝壳最前端，略膨胀，向壳内弯曲，不高出背缘之上。背缘微向上斜升，壳前端呈截状，背缘、后缘及腹缘三者连成一大圆弧形，壳后端压缩，侧扁。壳面呈棕褐色或黑褐色稍有光泽，并具有较大的同心圆的生长轮脉。

长江流域分布

江苏、安徽、江西、湖南等地

生境习性

喜栖息于水较深、冬季水不干涸之处，一般多栖息于上层为泥层，下为沙底的环境中。以微小生物（原生动物、单鞭毛藻及硅藻等）及有机碎屑为食料。

散布着瘤状结节

基本资料

拉丁学名 ▶ *Lamprotula polysticta*
物种分类 ▶ 双壳纲—蚌目—蚌科—丽蚌属
中国保护等级 ▶ 国家二级

中国淡水蛏 | Chinese Fresh-water Clam

壳小型，壳长一般约 35 毫米，壳高 16 毫米，壳宽 10 毫米。质薄而脆，长方形。

在太湖、高邮湖和福建淘江，曾是当地群众捕捞的重要经济淡水贝类。由于只捕不养、缺乏管理和保护，资源量受到严重破坏，种群分布狭窄，水体严重污染，导致产量锐减。

基本资料

其他名称 ▶ 河蛏、蛏子
拉丁学名 ▶ *Novaculina chinensis*
英文名 ▶ Chinese Fresh-water Razor Clam
物种分类 ▶ 双壳纲—蚌目—截蛏科—淡水蛏属
中国保护等级 ▶ 国家二级

生境习性

多见于河流与湖泊的泥底或沙底里。为滤食性动物，消化道长度约为壳长的 3 倍，主要以硅藻和其他单细胞藻类为食。一年即可达到初次性成熟，两年完全性成熟。在底质中营底埋生，洞穴与底质面呈一定倾斜度。

龙骨蛏蚌

贝壳大型，壳长 170 ~ 280 毫米，壳高 46 ~ 80 毫米，壳宽 40 ~ 60 毫米。外形窄长，壳长约为壳高的 3.5 倍。

由于环境及人为因素的影响，龙骨蛏蚌的分布范围已经从历史记载的化石种的最北到陕西缩小至鄱阳湖流域，属于极为濒危的种类。目前繁殖生物学研究几乎为空白。

壳较厚，黑色，左右贝壳对等，壳前端细，逐渐向后端延长扩大，后端呈截状，开口，腹缘中部凹入缩小。壳顶低，不突出背缘之上。后背嵴有明显的龙骨状突起，斜达后缘中线上部。后背缘末端呈直角下垂。

长江流域分布

鄱阳湖及长江中游沿岸

壳表面有粗大的生长线

基本资料

拉丁学名 ▶ *Solenaia carinata*
物种分类 ▶ 双壳纲—蚌目—截蛏科—蛏蚌属
中国保护等级 ▶ 国家二级

生境习性

生活于大的湖泊、河流等流水环境，主要栖息于水质清澈、有一定水流的河口及湖泊相连的河口处，多栖息于硬泥底质，终生穴居，不移动。

壳面具有不规则同心圆的生长纹，在贝壳前、后部形成皱褶

两壳相等，但两侧不对称。贝壳前部略宽大，膨胀，自壳顶向后略缩窄，压扁。壳顶突出于背缘之上，位于贝壳前端壳长的 1/3 处。背、腹缘近乎平行。外韧带黑褐色，近柱状。壳顶窝极浅。前闭壳肌痕呈长三角形，后闭壳肌痕呈宽三角形；外套痕显著。铰合部小，右壳具有两枚主齿，前一枚略与壳面垂直，后主齿向后方倾斜延伸；左壳有三枚主齿，中央齿大，分叉；无侧齿。

长江流域分布

长江中下游流域

137

螺蛳

　　1877 年，玛格丽亚·内维尔（Margarya Nevill）带领一支探险队进入中国云南，在大理府洱海湖第一次发现了"螺蛳"，并采集到该物种的标本。螺蛳的采集者玛格丽亚在此基础上建立了螺蛳属。该物种和其所在"属"也以发现者玛格丽亚的名字"Margary"作为"属名"。

形态特征

　　螺蛳具大型贝壳，成体壳高最大者可达 77 毫米，壳宽 47 毫米。外形呈圆锥形或塔圆锥形；厚实，壳面呈绿褐色或黄褐色。多数有 7 个螺，包括两个原螺棱，壳面有棘状或乳头状突起有光滑螺棱。

　　壳顶钝；体螺层膨大。各螺层中部呈角

保护现状

物种数量正在迅速减少。螺蛳是螺丝属的模式种，也是中国云南的特有种，在洱海的分布曾经很丰富，2004 年对该湖进行了调查，认为该物种已不复存在。滇池仍有丰富储量，茈碧湖也有，但较少。水质污染、堤坝建设、引入的捕食者和对该物种的潜在过度捕捞正在威胁其剩余栖息地的剩余种群。

基本资料

拉丁学名 ▶ *Margarya melanioides*

物种分类 ▶ 腹足纲—中腹足目—田螺科—螺蛳属

中国保护等级 ▶ 国家二级

IUCN 红色名录 ▶ 濒危（EN）

长江流域
分布

云南省的高原湖泊

3 条念珠状的螺棱，在体螺层上有 5 条螺棱，有大的棘状突起。壳口近圆形，外唇较薄，在棘状突起处成沟状突起，内唇厚，外折，上方贴覆于体螺层上，壳口内呈灰白色。脐孔小，经常被内唇所遮盖。厣为角质的红褐色梨形的薄片，具有同心圆的生长纹，厣核略靠近内唇中央处。

守护与瞻望

　　长江是中华民族的母亲河、生命河，拥有独特的生态系统，孕育了丰富的水生生物，是我国重要的生态宝库和生态屏障。但是，随着经济社会的高速发展，各类高强度人类活动在创造了巨大经济效益的同时，也改变了长江的水域生态环境，对于水生生物的影响尤其突出。

　　保护好长江流域生态环境，是推动长江经济带高质量发展的前提，也是守护好中华文明摇篮的必然要求。

　　习近平总书记多次到长江流域视察并作出重要讲话，指出"长江生物完整性指数到了最差的'无鱼'等级"，要求"探索出一条生态优先、绿色发展的新路子"，强调"要把修复长江生态环境摆在压倒性位置，共抓大保护、不搞大开发"，"绝不容许长江生态环境在我们这一代人手上继续恶化下去，一定要给子孙后代留下一条清洁美丽的万里长江"。

　　2018年，国务院办公厅发布《关于加强长江水生生物保护工作的意见》，提出长江保护明确时间表：2020年，长江流域重点水域实现常年禁捕；2035年，长江流域生态环境明显改善，水生生物栖息地生境得到全面保护，水生生物资源显著增长，水域生态功能有效恢复。

根据党中央、国务院决策部署，2021年1月1日起，长江干流，长江口禁捕管理区，鄱阳湖、洞庭湖2个大型通江湖泊，大渡河等7条重要支流实行为期10年的常年禁捕。

"长江十年禁渔"是为全局计、为子孙谋的重要决策，也是长江生态保护的大创举。十年禁渔，可为长江中的水生生物，尤其是多数野生鱼类资源提供二至三代、迭代繁衍的休养生息契机；可以有效保护和恢复长江水生生物的多样性，维护长江生态系统完整性和提升长江生命力。

"长江十年禁渔"实施以来，禁捕水域非法捕捞高发态势得到初步遏制，退捕渔民转产安置基本实现应帮尽帮应保尽保，水生生物资源逐步恢复，长江禁渔效果初步显现。

一江清水绵延后世、惠泽人民，希望十年以后，"微笑天使"长江江豚能在长江中踏浪起舞；中华鲟、长江鲟能够正常地自然繁殖；"四大家鱼"的数量越来越多……鱼更多、水更好、生物更多样，长江水清鱼跃、岸绿景美的新时代画卷正在书写。

自然保护区，保护水生生物的家园

按照"生态优先、绿色发展，共抓大保护、不搞大开发"的总体思路，我国明确了长江水生生物及其栖息地保护管理的基本原则，即坚持统筹协调、科学规划，实行自然恢复为主、自然恢复与人工修复相结合的系统治理。目前，长江流域已初步形成自然保护区网络，保护区总面积35.84万平方千米，约占长江流域面积的20%，包括白鱀豚、中华鲟和长江上游珍稀特有鱼类自然保护区等。

长江流域生态环境多样，生物种类与群落类型繁多，建立各具特色的自然保护区，使中华鲟、长江江豚、大鲵、胭脂鱼等一批珍稀水生动物及其栖息地得到保护，在一定程度上减缓了资源急剧下降的趋势。如长江上游珍稀特有鱼类国家级自然保护区，跨越滇川黔渝四个省、直辖市，保护区有已知鱼类189

种，长江上游特有种类 66 种，21 种珍稀鱼类或国家级、地方重点保护野生动物。重点保护对象是 68 种珍稀特有鱼类、大鲵及其栖息地生态环境。长江湖北宜昌中华鲟省级自然保护区，地处长江上游与中游的交界、鄂西山区向江汉平原的过渡地带。主要保护对象是中华鲟的自然繁殖群体及其栖息地和产卵场等生境，同时还是国家重点保护动物白鲟、长江鲟、长江江豚、胭脂鱼等珍稀水生生物以及"四大家鱼"等经济鱼类的栖息地。

长江流域内的自然保护区主要分布在中上游丘陵山地，中下游平原地区较少。自然保护区作为监测救治、科普宣传、资源调查、增殖放流、科学研究的重要场所，其主要保护水生生物的自然繁殖群体及其栖息地和产卵场，对水生生物的物种延续和物种保护起着关键性作用。

关爱长江水生生物，共护生命长江

巍巍大江，蜿蜒万里；清清江流，泽被世人。千百万年来，从涓涓小溪到滚滚洪流，滔滔江水在雄伟壮丽的峡谷中奔流不息。在长江流域广阔的土地上，灿烂文化源远流长，生态系统独特多样，华夏儿女生生不息。

从远古到现今，从源区到河口，从鱼类到两栖动物，从水利工程建设到水生生物保护区……本书系统介绍了长江母亲河的起源、各区段丰富的水生生物资源以及面临的生态发展问题，着重介绍了长江流域中的珍稀水生生物以及保护措施，让华夏儿女走近长江、认识长江、保护长江。

曾经，人类的过度索取，让白鲟、白鱀豚、鲥鱼等珍稀物种唱起了悲歌；长江十年禁渔、增殖放流、异地养护、人工繁殖等生态补救措施，让濒危的长江江豚重现江面，自由嬉戏；也让多年未见的神秘物种鳤鱼突然现身；还有许多新物种被发现——长江物种故事正在慢慢续写。

对于长江母亲河来说，每一种生物都是大自然的珍贵馈赠，也是长江母亲河赠予人类的宝贵资源，由于篇幅有限，本书未能全面描绘长江中的珍贵水生生物——长江物种，期待您的独特画卷。

保护长江生态、保护物种多样性，就是保护我们人类。长江母亲河的生态健康发展，需要我们每一个人共同努力、共同参与和共同助力，从我做起，从现在做起，从小事做起。坚持节约资源，增强环保意识，重视生物多样性保护，共当长江守护人，勇做"禁渔"监督员，支持长江资源保护、水污染防治、生态环境修复等工作，为保护长江生态、建设美丽中国作出自己的贡献，为实现人与自然的和谐发展共同努力——长江大保护，期待您的传递和助力。

参考文献

［1］水利部长江水利委员.长江流域［OL］.http://www.cjw.gov.cn/zjzx/lypgk/zjly/.

［2］杨桂山，朱春全，蒋志刚.长江保护与发展报告2011［M］武汉：长江出版社，2011.

［3］范昊天，曹文宣.心系河湖鱼水情（自然之子）［OL］.http://sn.people.com.cn/n2/2020/0915/c190240-34291952.html.2020.

［4］荆江水文局副总工段光磊汇报长江三峡工程坝下游干流河道观测［OL］.http://gjkj.mwr.gov.cn/ztbd/ztdy/86/87/200404/t20040427_626235.html，2004.

［5］上海通志编纂委员会.上海通志·自然环境卷［M］.上海：上海社会科学院出版社，2005.

［6］简生龙.长江源区渔业生态保护现状及对策研究［J］.科学养鱼.2018，3.

［7］徐平，范雷，殷大聪.金沙万里行——长江科学院2013年金沙江科学考察纪实［OL］.http://www.cjw.gov.cn/xwzx/njcsm/jgsydt/12368.html.

［8］央视新闻.我国的水电潜能有多大？来看看金沙江上的四座巨型电站！［OL］.https://baijiahao.baidu.com/s?id=1701263272172107282&wfr=spider&for=pc，2021.

［9］刘晗，屈霄，郭传波，等.金沙江流域鱼类物种多样性格局［C］.2017年中国水产学会学术年会论文摘要集，2017.

［10］孙赫英，隋晓云，何德奎，等.金沙江流域鱼类的系统保护规划研究［J］.水生生物学报，2020，s01.

［11］王琳娜.青海水生生物保护见成效 长江源区鱼类资源呈增长趋势［OL］.中国新闻网.

［12］李祥艳，田辉伍，蒲艳，等.长江上游宜宾江段鱼类早期资源现状研究［J］.渔业科学进展，2022，4.

［13］熊飞，刘红艳，段辛斌，等.长江上游宜宾江段渔业资源现状研究［J］.西南大学学报（自然科学版），2015，11.

［14］彭春兰，陈文重，叶德旭，等.长江宜昌段鱼类资源现状及群落结构分析［J］.水利水电快报，2019，2.

［15］周湖海，李翀，邓华堂，等.长江上游珍稀、特有鱼类种群动态现状及变化趋势分析［J］.淡水渔业，2020，6.

［16］游立新，王珂，祝坐满，等.长江中游江段水生生物资源调查及航道整治工程影响预测分析［J］.三峡环境与生态，2017，6.

［17］施炜纲，王博，王利民.长江下游水生动物群落生物多样性变动趋势初探［J］.水生生物学报，2002，6.

［18］万成炎.全面加强长江水生态保护修复工作的研究［J］.长江技术经济杂志，2018，4.

［19］长江上游珍稀特有鱼类国家级自然保护区云南管护局科教宣传科.长江上游珍稀特有鱼类国家级自然保护区全境及云南段概况［OL］.https://mp.weixin.qq.com/s/kGWUwTOGr0ugZQNYyeaxQg，2021.

［20］庄平，张涛，侯俊利，等.长江口独特生境与水生动物［M］.北京.科学出版社，2013.

［21］林鹏程，高欣，刘飞，等.基于鱼类物种状况的长江生态环境质量评估［J］.水生生物学报，2021，45(6).

［22］为了"母亲河"水长绿鱼长欢——长江流域水生生物资源"大保护"纪实［N］.农民日报，2018-6-6.

［23］刘欢.寻踪消逝的白鲟："再不保护好，要出大问题的"［OL］.中国新闻网.https://m.chinanews.com/wap/detail/chs/zw/9812845.shtml.2022.

［24］朱敏，汪翕鎏.农业农村部：长江江豚约剩1012头 极度濒危状况未变［OL］.央广网.http://m.cnr.cn/news/20180724/t20180724_524310544.html.2018.

［25］水生生物研究所.科学家呼吁关注长江非旗舰濒危水生生物研究和保护

［OL］.中国科学院.https://www.cas.cn/syky/202003/t20200320_4738326.shtml.2020.

［26］央视财经.告急！"四大家鱼"减损90%以上 长江水生生物资源衰退［OL］. https://baijiahao.baidu.com/s?id=1611772314035795559&wfr=spider&for=pc.2018.

［27］央视新闻.新闻调查｜禁渔中的洞庭湖 这些变化看得见［OL］. http://content-static.cctvnews.cctv.com/snow-book/index.html?item_id=16852617462112956167.2022.

［28］央视网.长江流域重点水域为何10年禁捕？原因有这三点！［OL］.https:// baijiahao.baidu.com/s?id=1672268157664608660&wfr=spider&for=pc.2020.

［29］芜湖日报.芜湖：在李白写诗的地方，芜湖扛起了"中国唯一"［OL］. http://www.jhxww.net/cn/shixian/info_32.aspx?itemid=136392.2022.

［30］李荣.长江口蟹苗资源量创新高 成恢复水生生物资源范例［OL］.http:// news.youth.cn/gn/201705/t20170530_9920056.htm.2017.

［31］杨智杰.长江无鱼之困：再不保护"四大家鱼"基因库，中国人将无鱼可吃 ［N］.2019-12-9.

［32］陈大庆，段辛斌，刘绍平，等.长江渔业资源变动和管理对策［J］.水生生物 学报，2002，26（6）.

［33］汪甦.全国政协委员仲志余：久久为功，持续推进长江生态保护修复［OL］. https://baijiahao.baidu.com/s?id=1726297688713697593&wfr=spider&for=pc.2022.

［34］常誉中，王晓萱，薛敬文.新深度｜长江十年禁渔：渔民全部上岸，然后呢？［OL］. 南京大学新记者.https://weibo.com/ttarticle/p/show?id=2309404676398832025625.2021.

［35］农业部水生野动植物保护办公室，广东省海洋与渔业局.水生野生保护动物 识别手册［M］.北京.科学出版社，2004.

［36］周晓华，邹国华，张秋云.水中保护动物大探秘丛书［M］.北京：海洋出版 社，2017.

［37］中国野生动物保护协会水生野生动物保护分会.中国水生野生动物保护蓝皮 书［M］.北京.中国农业出版社，2021.

［38］罗刚，张胜茂，邹国华.国家重点保护经济水生动植物图谱［M］.北京：中 国农业出版社，2017.

［39］倪勇，伍汉霖.江苏鱼类志［M］.北京.中国农业出版社，2006.

［40］庄平.长江中下游土著和外来鱼类［M］.上海：上海科学技术出版社，2014.

［41］熊文，李辰亮．图说长江流域珍稀保护动物［M］．武汉：长江出版社，2020．

［42］乐佩琦，陈宜瑜．中国濒危动物红皮书（鱼类）［M］．北京：科学出版社，1998．

［43］汪松．中国濒危动物红皮书（兽类）［M］．北京：科学出版社，1998．

［44］赵尔宓．中国濒危动物红皮书（两栖类和爬行类）［M］．北京：科学出版社，1998．

［45］赵盛龙，等．东海区珍稀水生动物图鉴［M］．上海：同济大学出版社，2009．

［46］张春光，赵亚辉，等．中国内陆鱼类物种与分布［M］．北京：科学出版社，2019．

［47］伍汉霖，钟俊生．中国海洋及河口鱼类系统检索［M］．北京：中国农业出版社，2021．

［48］费梁．中国两栖动物图鉴（野外版）［M］．郑州：河南科学技术出版社，2020．

［49］翟欣，潘志萍，张春兰．中国珍稀野生动物手绘图谱［M］．广州：中山大学出版社，2018．

［50］潘清华，王应祥，等．中国哺乳动物彩色图鉴［M］．北京：中国林业出版社，2007．

［51］冯天瑜，马志亮，丁媛．长江文明［M］．北京：中信出版社，2021．

图书在版编目（CIP）数据

长江珍稀水生动物手绘图鉴 / 中国科协学会服务中
心主编；中国水产学会编著 . —北京：中国科学技术
出版社，2024.1

ISBN 978-7-5236-0327-7

Ⅰ. ①长… Ⅱ. ①中… ②中… Ⅲ. ①长江—珍稀动
物—水生动物—图集 Ⅳ. ① Q958.8-64

中国国家版本馆 CIP 数据核字（2023）第 219920 号

责任编辑	夏凤金
装帧设计	中文天地
责任校对	邓雪梅
责任印制	李晓霖

出　　版	中国科学技术出版社
发　　行	中国科学技术出版社有限公司发行部
地　　址	北京市海淀区中关村南大街 16 号
邮　　编	100081
发行电话	010-62173865
传　　真	010-62173081
网　　址	http://www.cspbooks.com.cn

开　　本	885mm×1230mm　1/32
字　　数	148 千字
印　　张	5
版　　次	2024 年 1 月第 1 版
印　　次	2024 年 1 月第 1 次印刷
印　　刷	北京荣泰印刷有限公司
书　　号	ISBN 978-7-5236-0327-7 / Q·295
定　　价	68.00 元